Interdisziplinäre Spezifikation produktionstechnischer Systeme

Interdisciplinary Specification of Production Systems

Von der Fakultät für Maschinenwesen
der Rheinisch-Westfälischen Technischen Hochschule Aachen
zur Erlangung des akademischen Grades eines
Doktors der Ingenieurwissenschaften
genehmigte Dissertation

vorgelegt von

Jerome Flender

Berichter/in:

Univ.-Prof. Dr.-Ing. Christian Brecher
Univ.-Prof. Dr. rer. nat. Bernhard Rumpe

Tag der mündlichen Prüfung: 08. Dezember 2021

ERGEBNISSE AUS DER PRODUKTIONSTECHNIK

Jerome Flender

Interdisziplinäre Spezifikation produktionstechnischer Systeme

Herausgeber:
Prof. Dr.-Ing. T. Bergs
Prof. Dr.-Ing. Dipl.-Wirt. Ing. G. Schuh
Prof. Dr.-Ing. C. Brecher
Prof. Dr.-Ing. R. H. Schmitt

Band 36/2021

WZL | RWTH AACHEN UNIVERSITY

Fraunhofer IPT

Bibliografische Information der Deutschen Nationalbibliothek
Die Deutsche Nationalbibliothek verzeichnet diese Publikation in der Deutschen Nationalbibliografie; detaillierte bibliografische Daten sind im Internet über https://portal.dnb.de abrufbar.

Jerome Flender:

Interdisziplinäre Spezifikation produktionstechnischer Systeme

1. Auflage, 2022

Gedruckt auf holz- und säurefreiem Papier, 100% chlorfrei gebleicht.

Apprimus Verlag, Aachen, 2022
Wissenschaftsverlag des Instituts für Industriekommunikation und Fachmedien an der RWTH Aachen
Steinbachstr. 25, 52074 Aachen
Internet: www.apprimus-verlag.de, E-Mail: info@apprimus-verlag.de

Druck: CPI Druckdienstleistungen GmbH, Ferdinand-Jühlke-Straße 7 I 99095 Erfurt

ISBN 978-3-98555-032-6

D 82 (Diss. RWTH Aachen University, 2021)

Vorwort

Die vorliegende Arbeit entstand während meiner Tätigkeit als wissenschaftlicher Mitarbeiter am Werkzeugmaschinenlabor (WZL) der Rheinisch-Westfälischen Technischen Hochschule Aachen.

Zunächst bedanke ich mich bei Prof. Dr.-Ing. Christian Brecher für das entgegengebrachte Vertrauen und die Möglichkeit zur Promotion in der Abteilung „Steuerungstechnik und Automatisierung“. Prof. Dr. rer. nat Bernhard Rumpe vom Lehrstuhl für Software Engineering danke ich für die Übernahme des Koreferats sowie Prof. Dr.-Ing. Kirsten Bobzin vom Lehrstuhl für Oberflächentechnik für den Vorsitz der Prüfungskommission.

Ein sehr großer Dank gilt Dr. rer. nat. Martin Witte, der mir im Rahmen vieler fachlicher Diskussionen neue Perspektiven und inspirative Denkanstöße aufgezeigt hat. Die durch ihn initiierte Forschungskooperation hat diese Arbeit erst ermöglicht, welche durch Dr.-Ing. Denis Özdemir und Anja Ruth Weber in der Anfangsphase entscheidend begleitet wurde.

Den Oberingenieuren Dr.-Ing. Wolfram Lohse, Dr.-Ing. Markus Obdenbusch und Simon Storms danke ich für die vertrauensvolle Zusammenarbeit und der gewährten Freiräume.
Die Anwendungsbreite der Forschungs- und Industrieprojekte innerhalb der Abteilung sowie der kritisch-konstruktive Diskurs neuer Forschungsideen und Anwendungen im Kollegium waren eine wesentliche Grundlage für die persönliche und fachliche Weiterentwicklung. Diese thematische Vielfalt sowie die direkte Interaktion mit Industriepartnern im Rahmen eigenständiger Projektleitung waren eine bedeutende Prägung für die spätere berufliche Laufbahn.
Neben der Durchsicht der Arbeit und der Unterstützung in der Prüfungsvorbereitung möchte ich mich insbesondere bei Simon Roggendorf, Daniel Behnen und Christoph Pallasch herzlichst für den offenen Austausch und die häufigen Aktivitäten außerhalb des Instituts bedanken und dabei auch Stephan Wein sowie Thomas Berners einschließen. Diese freundschaftliche Gemeinschaft war ein ganz wesentlicher Teil dieser Zeit.

Bei meinen ehemaligen studentischen Hilfskräften Lukas Körfer und Janek Schäfer sowie Daniel Stanetzky bedanke ich mich für die ungemein wertvolle Unterstützung bei der Implementierung. Insbesondere die ausdauernde Begleitung der beiden Erstgenannten haben den Demonstrator erst ermöglicht und somit entscheidend zum Gelingen beigetragen.

Ein herzliches Dankeschön gilt auch meinen Eltern Burkhard und Ursula Flender, die mir diesen Lebensweg ermöglicht und mich stets zur Weiterentwicklung ermutigt haben.

Mein größter Dank gilt meiner Frau Pia Flender, die mir neben Motivation auch ausdauernde Geduld und aktive Unterstützung während der Prüfungsphase geschenkt hat. Gemeinsam mit unseren Kindern hat sie mir die notwendige Kraft und den Rückhalt gegeben, um diese Arbeit zu leisten.

Hirschaid, im Dezember 2021 Jerome Flender

Kurzfassung

Der Entwicklungsprozess produktionstechnischer Systeme wird heute mit stetig steigenden Anforderungen an die Leistungsfähigkeit und Funktionsdichte der Maschinentechnik sowie dem Minimierungsdruck von Entwicklungskosten konfrontiert. Die Zunahme an Architekturvarianten und die verstärkt komplexeren wie auch zunehmend disziplinübergreifenden Wirk- und Komponentenstrukturen erfordern in diesem Spannungsfeld eine effiziente Kooperation der Fachdisziplinen. Ferner bedingen die hohen Abhängigkeiten den stetigen Austausch und Aktualisierung der Funktionsimplementierung, Komponentenschnittstellen und parametrisierten Abläufen zwischen den Disziplinen, um ein konsistentes Verständnis der Systemarchitektur zu bewahren.

Im Rahmen der Arbeit wurde daher für die Systementwicklung produktionstechnischer Systeme die Spezifikationssprache *Interdisciplinary Modeling Language* (IML) erarbeitet. Basierend auf einem funktionalen Ansatz und einer schlanken 3-Diagramm-Struktur unterstützt die modellbasierte Methodik ausgehend von Stakeholderanforderungen die interdisziplinäre Herleitung einer funktionalen Maschinenarchitektur. Bewusst werden hierbei die interdisziplinär relevanten Schnittstelleninformationen wie die funktionale Architektur, Interaktionsstrukturen und konditionale Ablaufsequenzen fokussiert. Die intuitive, domänenneutrale Notationsform ermöglicht es Designentscheidungen zentral und standardisiert in einem Systemmodell zu spezifizieren, das in der domänenspezifischen Folgephase als zentrales Wissensmanagement weiterverwendet werden kann. Eine Überführung des IML-Metamodells in die dazu geeignete Datenstruktur eines semantischen Wissensgraphen wird in der Arbeit aufgezeigt und diskutiert.

Die Spezifikationssprache wird im Rahmen eines prototypischen Editors realisiert und an zwei produktionstechnischen Applikationen validiert. Der bewusst reduzierte Notationsumfang zeigt sich hierbei als geeignet, um sowohl den kreativen Entwicklungsprozess komplexer System- und Interaktionsstrukturen technischer Systeme zu unterstützen als auch das System in einer geeigneten Detailtiefe intuitiv zu modellieren und so die notwendige Akzeptanz zur Etablierung modellbasierter Systemmodelle zu stärken. Zukünftige Erweiterungen ggf. branchenspezifischer semantischer Standards für System-Assets stellen dabei eine sinnvolle Ergänzung dar.
Am Beispiel der Automatisierungstechnik wird auch die Integration von Partialmodellen in das IML-Modell und die modellkonsistente Generierung von Ablaufprogrammen aus selbigem mittels Code-Pattern-Generation aufgezeigt. Eine analoge Erweiterung auf andere Domänen wurde bereits in der Sprachkonzeption berücksichtigt.
IML bietet somit einen geeigneten Ansatz für heterogene Entwicklungsteams zur interdisziplinären Architekturmodellierung produktionstechnischer Systeme.

Abstract

Today, the development process of production engineering systems is confronted with constantly increasing demands on the performance and functional density of machine technology as well as the necessity to minimize development costs. The increase in architecture variants and the growing complexity as well as increasingly cross-disciplinary operational component structures require efficient cooperation between the specialist disciplines in this area of conflict. Furthermore, the high dependencies require constant exchange and updating of function implementations, component interfaces and parameterized sequences between the disciplines in order to maintain a consistent understanding of the system architecture.

Therefore, the specification language *Interdisciplinary Modeling Language* (IML) was developed for the system development of production systems. Based on a functional approach and a lean 3-diagram structure, the model-based methodology supports the interdisciplinary derivation of a functional machine architecture starting from stakeholder requirements. Interdisciplinary relevant interface information such as the functional architecture, interaction structures and conditional sequences are deliberately focused on. The intuitive, domain-neutral notation makes it possible to specify design decisions centrally and in standardized manner in a system model, which can be further used as central knowledge management in the domain-specific subsequent phase. A transfer of the IML metamodel into the suitable data structure of a semantic knowledge graph is demonstrated and discussed.

The specification language is realized within the framework of a prototypical editor and validated on two production system applications. The intentionally reduced notation proves to be suitable for supporting the creative development process of complex system and interaction structures of technical systems as well as for intuitively modeling the system in a suitable level of detail, thus strengthening the necessary acceptance for establishing model-based systems engineering. Future extensions of industry-specific semantic standards for system assets, if necessary, are a useful addition to this.
Using the example of automation technology, the integration of partial models into the IML model and the model-consistent generation of sequential programs from the same by means of code pattern generation is also demonstrated. An analogous extension to other domains has already been considered in the language conception.
IML thus offers a suitable approach for heterogeneous development teams for the interdisciplinary architecture modeling of production engineering systems.

Inhaltsverzeichnis

Table of Contents

Formelzeichen und Abkürzungsverzeichnis . . . . **vi**

1 Einleitung **1**

2 Stand der Technik und Forschung **5**

2.1 Aufbau produktionstechnischer Systeme 5

2.1.1 Begriffsbestimmung 5

2.1.2 Architekturtypen 8

2.1.3 Wirkstruktur und -prinzipien 9

2.1.4 Produktionstechnisches Demonstrationsszenario 12

2.2 Vorgehensmodelle für den interdisziplinären Produktentwicklungsprozess . . 16

2.3 Modellbasierte Entwicklung produktionstechnischer Systeme 21

2.3.1 Modellbasierte Systementwicklung 22

2.3.2 Modellierung und Metamodelle 24

2.3.3 Interdisziplinäre Architekturmodellierung produktionstechnischer Systeme 26

2.3.4 Weitere Spezifikationssprachen 40

2.4 Fazit zum Stand der Technik und Forschung 46

3 Handlungsbedarf und Zielsetzung **49**

3.1 Handlungsbedarf für die interdisziplinäre Spezifikation produktionstechnischer Systeme 49

3.2 Zielsetzung und Vorgehensweise 51

4 Anforderungen an eine Spezifikationssprache **53**

5 Konzipierung einer modellbasierten Spezifikationssprache **67**

5.1 Aufbau der Spezifikationssprache 67

5.2 Funktionales Modellierungsparadigma der IML 68

5.3 IML-Diagramm: Funktionale Struktur 70

5.3.1 Attribute 72

5.3.2 Zustand . . . 73
5.3.3 Anforderungen . . . 75
5.3.4 Design Alternativen . . . 76
5.3.5 Prozesse . . . 77
5.4 IML-Diagramm: Wirkstruktur . . . 78
5.4.1 Ports und Flüsse . . . 80
5.4.2 Multi-Ports . . . 83
5.5 IML-Diagramm: Ablaufdiagramm . . . 85
5.5.1 Logische Bedingungen . . . 88
5.5.2 Kontrollstrukturen . . . 90
5.5.3 Daten- und Materialflüsse . . . 93
5.5.4 Parametrisierung von Actions . . . 94

6 Methodische Instrumente für die Sprachimplementierung . . . 95
6.1 Modellerstellung und Stakeholderinteraktion . . . 95
6.2 Datenstruktur des Architekturmodells . . . 98

7 Validierung und Evaluation . . . 103
7.1 Aufbau und Umsetzung einer datendurchgängigen Modellierungsumgebung 103
7.1.1 IML-Editor . . . 106
7.1.2 Anforderungsmanagement . . . 109
7.1.3 Automatisierungstechnische Entwicklung . . . 111
7.2 Anwendung der IML-Methodik am produktionstechnischen Szenario . . . 114
7.2.1 Erstellung der funktionalen Systemarchitektur . . . 114
7.2.2 Erstellung der Interaktionsstruktur . . . 118
7.2.3 Erstellung der Ablaufstruktur . . . 121
7.3 Anwendung der IML-Methodik auf einen automatisierten Laborprozess . . . 123
7.3.1 Erstellung der funktionalen Systemarchitektur . . . 125
7.3.2 Erstellung der Interaktionsstruktur . . . 128
7.3.3 Erstellung der Ablaufstruktur . . . 130
7.4 Fazit der Evaluation . . . 132

8 Zusammenfassung und Ausblick . . . 135
8.1 Zusammenfassung . . . 135
8.2 Ausblick . . . 137

Literaturverzeichnis . . . 143

Anhang . . . 159

Formelzeichen und Abkürzungsverzeichnis

Formula Symbols and List of Abbreviations

Abkürzungen

ADL Architecture Description Language

AFNOR Association Française de Normalisation

ALM Application Lifecycle Management

API Application Programming Interface

AQUIMO Adaptierbares Modellierungswerkzeug und Qualifizierungsprogramm für den Aufbau firmenspezifischer mechatronischer Engineeringprozesse

ARCADIA Architecture Analysis and Design Integrated Approach

BDD Block Definition Diagram

BMBF Bundesministerium für Bildung und Forschung

BOM Bill of Materials

BOP Bill of Process

BPMN Business Process Model and Notation

CAD Computer-Aided Design

CAE Computer-Aided Engineering

CONSENS Conceptual design Specification technique for the Engineering of complex Systems

CPPS Cyber-Physical Production System

CPS Cyber-Physical System

CRUD Create, Read, Update, Delete

DoDAF Department of Defense Architecture Framework

DSML Domain-Specific Modeling Language

E Entity

EBOM Engineering BOM

EMF Eclipse Modeling Framework

EMOF Essential Meta Object Facility

ERP Enterprise Resource Planning

F Function

FO Function Owner

GPML General-Purpose Modeling Language

HMI Human-Machine Interface

IBD Internal Block Diagram

IEC International Electrotechnical Commission

IML Interdisciplinary Modeling Language

IoT Internet of Things

ISO International Standardization Organization

MBOM Manufacturing BOM

MBSE Model-Based Systems Engineering

MechML Mechanics Modeling Language

MOF Meta Object Facility

MontiArc Architectural Modeling of Interactive Distributed and Cyber-Physical Systems

OCL Object Constraint Language

OMG Object Management Group

OOSE Object-Oriented Software Engineering

OPM Object-Process Methodology

OSLC Open Services for Lifecycle Collaboration

OWL Web Ontology Language

PDM Produktdatenmanagement

PDP Product Development Process

PEP Produktentwicklungsprozess

PLM Produktlebenszyklusmanagement

RAMI 4.0 Referenzarchitekturmodell für Industrie 4.0

RDF Resource Description Framework

REST Representational State Transfer

SPS Speicherprogrammierbare Steuerungen

ST Strukturierter Text

SysML Systems Modeling Language

UI User Interface

UML Unified Modeling Language

URI Unique Resource Identifier

W3C World Wide Web Consortium

WST Werkstückträger

ZIM Zentrales Innovationsprogramm Mittelstand

„Systems Engineering focuses on ensuring the pieces work together to achieve the objectives of the whole."

INCOSE, *Systems Engineering Vision · 2025*

1 Einleitung

Introduction

Produktionstechnische Systeme zur automatisierten Herstellung von Wirtschafts- und Konsumgütern, wie pharmazeutische Waren, holz- oder kunststoffliche Teile, elektronische Geräte, Lebensmittel oder Metallerzeugnisse, sind sowohl in ihren Ausprägungen wie Anwendungsbereichen durch eine starke Diversität geprägt.
Die Architekturvarianz der produktionstechnischen Systeme steht dabei in direkter Analogie zur Vielfalt der produzierten Güter. Maßgeblich strukturbestimmend sind hierbei, insbesondere im Falle formgebender Maschinen, die (modulübergreifend) zu implementierenden Wirk- und Interaktionsprinzipien mechatronischer Module, um die zur *Umsetzung des Fertigungsprozesses erforderlichen Anlagenfähigkeiten* zu realisieren. Da ein Prozessschritt zumeist eine spezifische Kombination mehrerer Basisprozesse (Bewegungsführung, fügetechnische oder thermodynamische Prozessführung etc.) erfordert, sind diese zumeist als stark interdisziplinär geprägte mechatronische Funktionseinheiten ausgeführt, wie es die typische Prozesskette einer Flaschenabfüllung[1] verdeutlicht.

Derartig variante Systemarchitekturen, stetig steigende Funktionsdichten mechatronischer Baugruppen sowie der Trend zu verkürzten Produktlebenszyklen bilden jedoch ein bedeutendes Spannungsfeld für den Produktentwicklungsprozess produktionstechnischer Systeme [ABRA16; GAUS13; BREC12]. So müssen aufgrund der hohen disziplinübergreifenden Abhängigkeiten u. a. funktionale Schnittstellen, parametrische Prozesskonfigurationen sowie geometrische Gegebenheiten untereinander kontinuierlich ausgetauscht und aktualisiert werden, da potentiell jede Systemänderung wesentliche Auswirkungen auf andere Disziplinen haben kann [HEIH16].
Gleichzeitig ist die methodische Kollaboration im Entwicklungsprozess vieler Maschinen- und Anlagenbauern durch dezentrale Systemspezifikationen und heterogene Kommunikationsstrukturen geprägt, die u. a. zu hohen kommunikativen Aufwänden, Reibungsverlusten und bedeutenden Erstellungsaufwänden informaler Austauschdokumente führen.

Die starke Zunahme der erforderlichen interdisziplinären und datendurchgängigen Kooperation wird daher zunehmend als elementare Herausforderung innerhalb des Produktentwicklungsprozesses wahrgenommen [GAUS13], da die verspätete Identifikation fehlerhafter Designentscheidungen hohe Änderungskosten nach sich ziehen [INCO15].
Eine wirtschaftlich effiziente Entwicklung und Konstruktion derartig hochvarianter und domänenübergreifender Abhängigkeiten funktionaler Einheiten erfordert daher eine datenkonsistente, interdisziplinäre sowie weiterverwendbare Architektur- und Schnittstellenspezifikation.

[1] Reinigung, Transport und Schadensinspektion der Flasche, Abfüllung, Etikettierung, Bündelung, Sekundärverpackung und Palettierung

Einen geeigneten methodischen Ansatz bietet hierzu das Model-Based Systems Engineering (MBSE), welches ursprünglich für verifikationsintensive Raumfahrtprojekte entwickelt wurde [INCO14]. Basierend auf einer expressiven Sprachsyntax und Semantik erarbeitet das interdisziplinäre Team ein anforderungsorientiertes Lösungskonzept als Systemmodell. Der kollaborative Entstehungsprozess prägt dabei ein gemeinsames Systemverständnis aus, wobei das Modell ferner als *zentrales* Architektur- und Datenmodell im Entwicklungsprozess dienen kann.
Die disziplinübergreifend formulierten technischen Lösungskonzepte können unter Berücksichtigung systemischer und funktionaler Abhängigkeiten analysiert und anschließend iterativ in das Modell integriert werden. Anforderungsreferenzen dokumentieren dabei den funktional korrekten Entwurf. Die so sukzessiv entstehende Wissensbasis kann dann in der domänenspezifischen Entwurfsphase zur Extraktion von Designentscheidung und Generierung von Partialmodellen genutzt werden.
Für die modellbasierte Spezifikation mechatronischer Systeme liegen bereits sowohl generalistische (GPML) wie domänenspezifische (DSML) Sprachen vor, die sich zwar in der Entwicklung eingebetteter Systeme und Software etablieren, jedoch nicht innerhalb der produktionstechnischen Domäne [BREC16c; HABE16; MUNK16; GÖLZ15]. Dies ist sowohl dem im Kontrast zum maschinenbaulich geprägten Anlagenbau stehenden abstrakten, Informatik-orientierten Typ-Instanz-Sprachparadigma, sowie der teilweise unzureichenden Berücksichtigung wesentlicher produktionstechnischer Systemeigenschaften in den Sprachnotationen geschuldet. Ferner hemmen Medienbrüche zwischen den disziplinspezifischen Entwicklungswerkzeugen die Integration von Architekturmodellen [FLEN19; FOEH17; CADE17a; GEIS16].

Das Ziel der vorliegenden Arbeit ist es daher, eine dediziert für die produktionstechnische Domäne angepasste Spezifikationssprache zu entwickeln, die eine interdisziplinäre und intuitive Systemmodellierung phasenübergreifend von der Anforderungsspezifikation bis in die domänenspezifische Entwicklung unterstützt. Ein modellkonsistenter, *funktionaler* Modellierungsansatz soll die Bildung eines übergreifenden Systemverständnisses, der kreativen Lösungsfindung, sowie der Wieder- und Weiterverwendung von Templates und Altprojekten fördern. Das Architekturmodell soll zudem auf Basis eines datendurchgängigen Konzepts die Integration und Generierung domänenspezifischer Partialmodelle als zentrales Datenmodell ermöglichen.

Der Ansatz einer domänenspezifischen Spezifikationssprache ist damit ein Beitrag zur Effizienzoptimierung der produktionstechnischen Systementwicklung durch die Reduzierung des Abstimmungs- und Dokumentationsaufwand mittels einer semantischen Notation und der Formulierung eines elementspezifischen funktionalen Implementierungskontextes.

Introduction

Production systems for the automated manufacturing of economic and consumer products, such as pharmaceutical goods, wooden or plastic parts, electronic devices, food and beverages or metal products, are characterized by a high degree of diversity, both in terms of their characteristics and areas of application.
The architectural variance of production technology systems is directly analogous to the diversity of the goods produced.
The decisive structural factors here, especially in the case of form-giving machines, are the principles of operation and interaction of the to be implemented mechatronic assemblies (across modules) in order *to realize the system capabilities required for implementation of the production process.* Since a process step usually requires a specific combination of several basic processes (motion control, joining technology or thermodynamic process control etc.), these are usually designed as strongly interdisciplinary mechatronic functional units, i.e. in a typical process chain[2] of a bottle filling plant.

However, such variant system architectures, constantly increasing function densities of mechatronic modules and the trend towards shorter product lifecycles form a significant area of conflict for the product development process of production engineering systems [ABRA16; GAUS13; BREC12]. Due to the high level of interdependencies between disciplines functional interfaces, parametric process configurations and geometric conditions must be continuously exchanged and updated, since every system change can potentially have significant effects on other disciplines [HEIH16].
At the same time, the methodical collaboration in the development process of many mechanical and plant engineering companies is characterized by decentralized system specifications and heterogeneous communication structures, which, among other things, lead to high communicative efforts, friction losses and significant efforts to create informal exchange documents.

The strong rise of the required interdisciplinary and data-consistent cooperation is therefore increasingly perceived as a fundamental challenge within the product development process [GAUS13], since the late identification of faulty design decisions results in high modification costs [INCO15].
An economically efficient development of such highly variant and cross-domain dependencies of functional units therefore requires data consistent, interdisciplinary and reusable architecture and interface specifications.

A suitable methodological approach is offered by MBSE, which was originally developed

[2]Cleaning, transport and damage inspection of the bottle, filling, labelling, bundling, secondary packaging and palletising

for verification-intensive (aero)space projects [INCO14]. Based on an expressive language syntax and semantics, the interdisciplinary team develops a requirements-oriented solution concept as a system model. The collaborative development process is characterized by a common understanding of the system, whereby the system model can also serve as a *central* architecture and data model in the development process.
The discipline-spanning developed technical solution concepts can be analyzed under consideration of systemic and functional dependencies and subsequently be iteratively integrated into the system model. Requirement references specify the functional correct design. This incrementally created knowledge base can then be used in the domain-specific design phase to extract design decisions and to generate partial models.
For the model-based specification of mechatronic systems there are already generalistic (GPML) and domain-specific (DSML) languages available. These languages are established in the development of embedded systems and software, but not within the production domain [BREC16c; HABE16; MUNK16; GÖLZ15]. This is due both to the abstract, computer science-based type-instance language paradigm, which contrasts with the mechanical engineering dominated plant engineering, and to the partly insufficient consideration of essential production-related system properties in the language notations. Furthermore, media breaks between the discipline-specific development tools inhibit the integration of architecture models [FLEN19; FOEH17; CADE17a; GEIS16].

The goal of this thesis is therefore to develop a specification language that is specifically adapted to the production domain and supports interdisciplinary and intuitive system modeling across all phases, from requirements specification to domain-specific development. A model-consistent, *functional* modelling approach should promote the establishment of a comprehensive system understanding, creative solution finding, as well as the reuse and further application of templates and former projects. The architectural model should also enable the integration and generation of domain-specific partial models as a central data model on the basis of a data-consistent concept.

The approach of a domain-specific specification language is thus a contribution to the efficiency optimization of production system development by reducing the coordination and documentation effort by means of a semantic notation and the formulation of an element-specific functional implementation context.

2 Stand der Technik und Forschung

State of the Art and Research

Um die Herausforderungen und Komplexität des Produktentwicklungsprozess (PEP) produktionstechnischer Systeme zu verstehen, sollen in diesem Kapitel die charakteristischen Strukturen und Wirkprinzipien aktueller produktionstechnischer Systeme betrachtet und analysiert werden. Anschließend erfolgt eine Betrachtung von Vorgehensmodellen und Entwicklungsmethoden für die Kollaboration im interdisziplinären PEP.
Im Hauptteil erfolgt eine detaillierte Analyse aktueller Spezifikationssprachen für mechatronische Systeme, die zur domänenübergreifenden Modellierung von Systemarchitekturen und Wirkstrukturen eingesetzt werden können. Das abschließende Fazit bewertet die erarbeiteten Ergebnisse im Hinblick auf die produktionstechnische Domäne und stellt die daraus ableitbaren Defizite und Herausforderungen vor.

2.1 Aufbau produktionstechnischer Systeme

Structure of Production Systems

In der Folge stetig steigender Komplexität und Anzahl von Maschinenfunktionen haben sich unterschiedliche Arten und Strukturen produktionstechnischer Systeme entwickelt. Im Folgenden erfolgt zunächst eine Begriffsbestimmung produktionstechnischer Systeme, Kapitel 2.1.1, und darauf aufbauend in den Kapiteln 2.1.2 und 2.1.3 die Erarbeitung der prägenden Charakteristika von Architekturtypen und Wirkstrukturen im Hinblick auf die modellbasierte Spezifikation.

2.1.1 Begriffsbestimmung

Term Definition

Technische Systeme beschreibt BENDER ET AL. zunächst allgemein als die technische Realisierung einer spezifischen Fähigkeit durch die „Transformation definierter Eingangsgrößen in definierte Ausgangsgrößen“ [BEND18]. Zur Eingrenzung der daraus resultierenden Ausprägungsvielfalt in Bezug auf Skalierung, Komplexität und Variantenreichtum haben sich verschiedene, perspektivgeprägte[1] Begriffe wie *Apparat, Anlage, Baugruppe, Gerät, Maschine, Mechatronisches System, Fertigungs-* oder *Produktionsmittel* etabliert [GROT18; GROT14; FELD13a; ISER08]. FELDHUSEN UND GROTE sowie BENDER ET AL. weisen in diesem Kontext darauf hin, dass daher eine systemische Begriffsbestimmung nach HUBKA UND EDER von Vorteil ist, welche „technische Gebilde als [abstrakte] *Systeme*" [FELD13b, S. 238] auffasst, die die Untergliederung in modulare Teilsysteme und -funktionen erlaubt [BEND18; EHRL09a] und aufgrund der variablen Systemgrenzen an den jeweiligen Anwendungszweck angepasst werden kann [FELD13b; HUBK88]. So prägen BRECHER UND WECK für Werkzeugmaschinen den Begriff der Flexiblen Fertigungssysteme durch die individuelle kombinatorische Kaskadierung von Einzelmaschinen und Hilfsaggregaten zu komplexen Mehrmaschinensystemen [BREC19].

Der Zweck eines Technischen Systems ist die Ausführung einer festgelegten Verarbeitung von Halbzeuge(n) oder Halbfabrikate(n), welche durch vordefinierte Bearbeitungsprozesse in ein Produkt überführt werden. Nach EHRLENSPIEL leitet sich, ausgehend von den Produkteigenschaften und den erforderlichen Halbzeugen und Halbfabrikaten (Konstruktionslogik), ein Fertigungsplan ab, der als Prozesskette (engl. Bill of Process, kurz: BOP) aus einer Sequenz von Bearbeitungsschritten besteht (Produktionslogik) [EHRL09b]. Die Umsetzung derselben erfordert daher dediziert auf die Anwendung angepasste Technische Systeme. Klassifikationen Technischer Systeme unterscheiden daher häufig nach Anwendungsgebieten, i. d. R. den Hauptgruppen der Produktionstechnik (*Energie-, Verfahrens- und Fertigungstechnik*). Weitere Klassifikationen differenzieren Systeme nach dem Bearbeitungsprozess, wobei hier meist zwischen Vergenztypen[2] [SCHI05] und Prozessabfolgen [JELA14] unterschieden wird, Tabelle 2.1.

Tabelle 2.1: Klassifikationen von Bearbeitungsprozessen
Classification of Production Processes

Unterscheidung nach Vergenztyp	**Unterscheidung nach Prozessabfolge**
Konvergierend *Fügen von Ausgangselementen zu einem Produkt*	**Kontinuierlich** (Stoffstrom) *Stetige, konstante Prozessierung*
Divergierend *Umwandlung eines Ausgangsstoffs zu neuen Stofftypen*	**Diskontinuierlich** (Stoffmenge) *Bearbeitung in definierten Quantitäten*
Seriell *Bearbeitung eines Halbzeugs in eine Zielgestalt*	**Objektorientiert** (Stoffelement) *Bearbeitung eines Ausgangsstoffs*

Kreuzt man die gegebenen Definitionen aus Tabelle 2.1, so ergibt sich eine Matrix-Klassifikation für Produktionssysteme, welche sich in zwei Gruppen aufteilen lässt, Abbildung 2.1.

[1] Der zu verwendende Begriff wird im Wesentlichen durch die Perspektive bestimmt; aus Herstellersicht ist ein Antrieb ein technisches Gerät, aus Sicht des Anwenders hingegen ein Teil einer Baugruppe. Ein Montageautomat ist zugleich Anlage (Hersteller) wie Produktionsmittel (Anwender).

[2] Vergenz. zu lat.: vergere: *sich neigen, sich senken*. Vergleiche Konvergenz und Divergenz

Abbildung 2.1: Klassifikation von Produktionssystemen nach ihrem Prozesstyp
Classification of Production Systems according to their Processing Type

Die in hellgrau dargestellte Gruppe der verfahrenstechnischen Prozesse basiert auf dem Prinzip der *Stoffumwandlung*, deren Realisierung i. d. R. als starr verkettete *flussorientierte* Anlage erfolgt [BLAS97]. Der Stofffluss wird dabei primär durch die Einstellung biologischer, chemischer oder physikalischer Parameter und ggf. durch Zusätze wie Katalysatoren in den Zielzustand überführt. Daher stehen bei der Realisierung und Inbetriebnahme die Umsetzung des verfahrenstechnischen „Rezepts“ im Vordergrund [FELD13a].

Fertigungstechnische Verfahren[3] (dunkelgrau) haben hingegen die Herstellung stofflich und geometrisch definierter Produkte zum Ziel [DIN 03]. Sie wirken *formgebend* und werden durch *werkstückorientierte* Bearbeitungssequenzen von Einzel- oder Mehrmaschinensystemen umgesetzt [DENK18; WECK05]. Die Herausforderung im Entwurf und der Realisierung besteht daher in der Auslegung und Umsetzung der statischen und dynamischen Komponenten- und Maschineninteraktionen zur Realisierung des erforderlichen Maschinenverhaltens [GROT14].
Anwendungsbeispiele sind u. a. automatisierte Bearbeitungszentren (Stanz-, Laserschneidmaschinen), Montagelinien (Montage von Automobilen oder Haushaltsgeräten) oder Beschichtungsanlagen (Lackier- oder Emaillieranlagen). Darüber hinaus sind Produktionsmittel, wie Palettier- und Sortiermaschinen, Verpackungs- und Abfüllanlagen oder Logistische Systeme, die zwar nicht der Gruppe Fertigungstechnik zuzuordnen sind, jedoch auch auf Wirkprinzipien dynamischer Komponenteninteraktionen basieren, ebenfalls dieser Gruppe zuzuordnen.
Gemäß des methodischen Schwerpunkts dieser Arbeit (Entwurfsprozess ablauf- und inter-

[3] Einteilung von Fertigungsverfahren nach DIN 8580: Urformen, Umformen, Trennen, Fügen, Beschichten, Stoffeigenschaft ändern [DIN 03]

aktionsbasierter Systemarchitekturen) liegt der Fokus auf formgebend-produzierenden Maschinen, die im Folgenden als *Produktions*technische Systeme bezeichnet werden.

Definition 2.1. ***Produktionstechnische Systeme*** *transformieren Halbfabrikate durch die interaktive Einwirkung ihrer Subsysteme in eine material-, form- und fügetechnische Zielgestalt.*

Begriffliche Abgrenzung zu Produktionssystemen:
Wenngleich der Begriff des Produktionssystems vereinzelt als Synonym für technische Systeme bzw. Produktionsmittel verwendet wird [EIGN17a; GROT14], so ist seine Provenienz die Produktionswirtschaftslehre (engl. Operations Management). Das Produktionssystem beschreibt demnach eine systematische und organisatorische Vorgehensweise zur Produktionsführung und -organisation, vgl. das zu den Lean-Production Methoden zählende *Toyota-Produktionssystem* [DOMB15, S. 15].

2.1.2 Architekturtypen

Architectural Types

In Abhängigkeit ihrer Funktion, der Umgebungsbedingungen und des Automatisierungsgrads existieren verschiedene Strukturen produktionstechnischer Systeme, deren Entwicklung sich insbesondere an marktbezogenen Anforderungen orientieren. Eine detaillierte Historie zeigt KOREN auf [KORE10]. Der Variantenreichtum reicht von Mehrzweck-Einzelmaschinen für auftragsindividuelle Anpassungen über hocheffiziente Anlagen zur Serienfertigung bis hin zu flexiblen und rekonfigurierbaren Fertigungssystemen, welche aus den Anforderungstreibern Globalisierung, Personalisierung und Digitalisierung hervorgegangen sind [NEUG18; EIGN17b]. Diese Entwicklung ist jedoch nicht als kollektive Evolution aufzufassen, sondern als kontinuierliche und notwendige Erweiterung des Spektrums produktionstechnischer Systeme, da die vielfältigen Anforderungen[4] spezifisch zugeschnittene Systemstrukturen erfordern. Die folgenden Ausführungen sollen einen Überblick über den strukturellen Aufbau vermitteln.

Alle produktionstechnischen Systemstrukturen eint eine zentrale Zielstellung: Die Umsetzung des geforderten (formgebenden) Wirkprinzips durch eine (automatisierte) Interaktion physikalischer Komponenten, die entweder ein *mechatronisches System* oder einen *dezentralen technischen Systemverbund* darstellen.
Stellvertretend für eine Vielzahl von Definitionen beschreiben FELDHUSEN UND GROTE sowie BENDER das **dezentrale Technische System** durch eine Wirkstruktur von Effektträgern, die eine spezifische Implementierung der Funktion bzw. der Produktionsaufgabe durch das Zusammenwirken der physikalischen Effekte realisieren [BEND18; FELD13a; JANS09]. Es können sowohl mehrere Effektträger parallel gekoppelt, sowie sequentiell als räumlich-getrennte Komponentenstruktur agieren. Eine übliche Kategorisierung der Effekträger ist

[4] Zu diesen zählen u. a. die Anzahl der Produktvarianten, Durchgängige Datenverarbeitung und -monitoring sowie Rüstaufwand und Flexibilität [BAUE14]

die Gliederung in die Basiskomponenten *Sensoren*, *Aktoren* und *Steuerungen*, welche die Erfassung von Messgrößen, die Erzeugung von Kräften und Bewegungsarten sowie die Informationsverarbeitung und Verhaltensimplementierung umsetzen. Einen umfassenden Überblick zu den Komponenten und deren Funktionsweise geben u. a. GROTE, HEIMANN, BISHOP, ISERMANN sowie VDI 2206 [GROT18; HEIM16; BISH08; ISER08; VDI 04a]. Als Beispiele sind u. a. Vereinzelungs- und Transfersysteme oder Montage- und Bestückungsautomaten zu nennen.
Nach ISERMANN und JANSCHEK unterscheiden sich **Mechatronische Systeme** dazu durch die *räumliche Integration* aller mechanischen, elektronischen, informations- und regelungstechnischen Effektträger in einer funktionalen Einheit. Die synergetischen Effekte ermöglichen die Entwicklung höherwertiger integrierter Systeme [JANS09; ISER08] wie Arbeitsspindeln, pneumatische Proportionalventile oder Robotergreifer.

Eine Weiterentwicklung des Mechatronischen Systems ist das **Cyber-Physical System (CPS)**, welches durch die Integration eingebetter Informationstechnologie zur (autonomen) Interaktion und Vernetzung mit seiner Umgebung befähigt wird. Dazu verfügen CPS nach BITKOM über eine Verwaltungsschale als systemweit einheitliche Kommunikationsschnittstelle, die ein virtuelles Abbild extern aufrufbarer Methoden (Services) und Merkmale (Attribute) darstellt und die Interaktion mit anderen Akteuren ermöglicht [BITK15]. Weiterhin verfügen CPS nach LEE ET. AL und ACATEC über eine Context Awareness (zu deutsch: *Kontextsensitivität*), die es ihnen ermöglicht, ihr Verhalten (autonom) auf die jeweilige Umgebung und Situation anzupassen [LEE15; ACAT12].
Aufbauend auf diesen CPS-Eigenschaften, sowie den nach BAUERNHANSL ET AL. für die Produktentwicklung zunehmend bedeutenden Anforderungstreibern Globalisierung, Personalisierung und Digitalisierung, sind **Cyber-Physical Production System (CPPS)** entstanden [CADE17a; LEE15; BAUE14]. Die Umsetzung der komplexen und wandelbaren Produktionsaufgaben erfolgt nach CADET UND MEISSNER durch einen temporären Zusammenschluss mehrerer CPS zu einem CPPS, wobei die CPS im kooperativen Verbund die erforderliche Prozesskette ausführen („*System-of-Systems*“) [CADE17a]. Als technische Voraussetzung sind neben der Informationstechnologie insbesondere Semantische Technologien[5] zu nennen, die eine modellbasierte Beschreibung der Umgebungssituation und deren Veränderung durch Fähigkeiten ermöglichen [ACAT12].

2.1.3 Wirkstruktur und -prinzipien

Interaction Structure and Principles

Die Implementierung eines spezifischen Systemverhaltens ist durch Komponenteninteraktionen, technische Verkettungen, Datenaustausch und Transformationsprinzipien realisiert, deren Wirkprinzipien i. d. R. mittels Energie-, Informations- und Stoffströme abstrahiert beschrieben werden [EIGN17b; HEIM16; FELD13a; JANS09; ISER08]. GROTE ET AL. unterscheiden dabei zwischen direkten bzw. *ausführenden* mechatronischen Produktionsmitteln (Vorrichtungen, Werkzeuge, Maschinen) und indirekten Produktionsmitteln, den *beschreibenden* Produktionsinformationen, welche in Form von Programmen oder Modellen den

[5]vgl. Semantic Web Technologies für produktionstechnische Systeme, [HAUP18; BIFF16]

auszuführenden Produktionsprozess spezifizieren [GROT14].
Die folgende Abbildung 2.2 zeigt eine aggregierte Darstellung stofflicher, energetischer und informationstechnischer Komponenteninteraktionen als Referenzmodell.

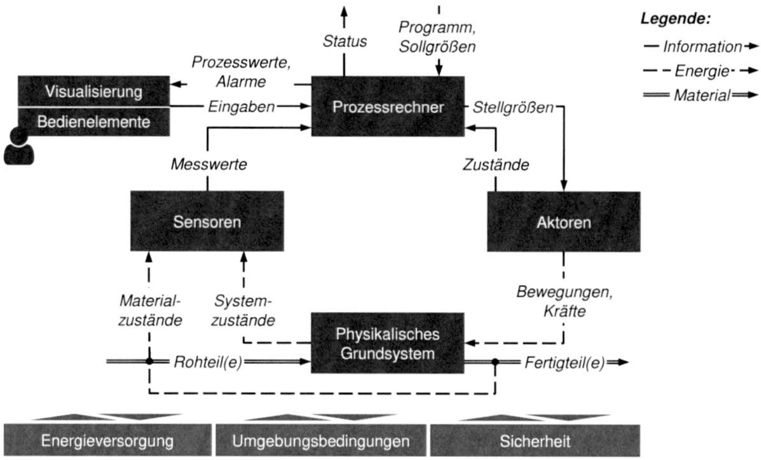

Abbildung 2.2: Aufbau und Wirkstruktur eines Technischen Systems, nach [GÖHL18; EIGN17b; HEIM16; FELD13a; JANS09; ISER08; VDI 04a]
Structure and Interaction Principle of a Technical System, acc. to [GÖHL18; EIGN17b; HEIM16; FELD13a; JANS09; ISER08; VDI 04a]

Da die Energieversorgung, Umgebung und Sicherheitseinrichtungen mit allen Systemkomponenten in gleicher Weise interagieren (bspw. Energiefluss von Energieversorgung zur Aktorik) sind diese Komponenteninteraktionen zur besseren Lesbarkeit vereinfacht dargestellt. Die Umsetzung komplexerer Einzel- und Mehrmaschinensysteme wie Flexibler Fertigungssysteme [WECK05], Abfüllanlagen [BLEI11] oder 3D-Laserschneidanlagen erfolgt durch eine (dezentrale) kombinatorische Verkettung und Verschaltung von mechatronischen Systemen [VDI 04a]. Exemplarisch beschreiben dies Brecher und Weck anhand der Werkzeugmaschinenfunktion zur synchronen Positionierung von Werkstück und Werkzeug, welche durch modulare werkstück- und werkzeugseitige Funktionsträger[6] implementiert werden [BREC19, S. 365].

[6] Die lagebestimmenden Funktionen *Drehen*, *Verschieben* werden durch die Interaktion der Funktionsträger *Formdreh- u. Winkelkopf* sowie *Dreh-Schwenktisch u. Teileinrichtung* realisiert

Mechatronische und dezentrale Technische Systeme stellen daher Basismodule komplexerer produktionstechnischer Systeme dar, deren anwendungsspezifische Konfiguration und Interaktion die jeweilige Wirkstruktur ausprägen. Ergänzende Anlagenfunktionen, wie autonome Kontextwahrnehmung und -interaktion der CPPS-Komponenten, flexible Anpassbarkeit auf Produktvarianten, sowie eine gesteigerte Transparenz und Verfolgbarkeit von Daten und Komponenten, können durch eine dynamische informationstechnische Vernetzung aller dezentral selbstständig agierenden CPS unter Einbeziehung semantisch formaler Komponentenspezifikationen realisiert werden [JESC18; DROS18; CADE17b; SCHL14; BROY13].

Abbildung 2.3 zeigt eine Referenzarchitektur für derartige produktionstechnische CPPS, basierend auf den Schichten des Referenzarchitekturmodell für Industrie 4.0 (RAMI 4.0).

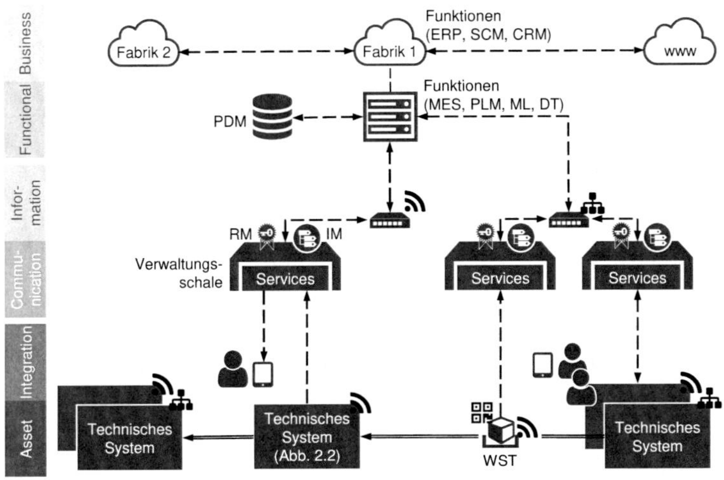

Legende:
CRM: Customer Relation Management
DT: Digital Twin
ERP: Enterprise Resource Planning
IM: Informationsmodell
MES: Manufacturing Execution System
ML: Machine Learning
RM: Resource Management
SCM: Supply Chain Management
WST: Werkstückträger

Abbildung 2.3: Aufbau und Wirkstruktur von CPPS und Mehrmaschinensystemen, nach [EIGN17b; BITK15; BROY13]
Structure and Interaction Principle of CPPS and Multi-Machine-Systems acc. to [EIGN17b; BITK15; BROY13]

In der abgebildeten Systemstruktur verfügen alle Komponenten über eine Verwaltungsschale als virtuelles Interface. Es fungiert als individualisiertes Informationsmodell, das die ver-

fügbaren Attribut- und Datenstrukturen sowie aufrufbaren Services (bspw. Microservices) einer Komponente spezifiziert und verwaltet [GERH17]. Ein integriertes Resource Management Modul regelt dabei den externen horizontalen und vertikalen Interface-Zugriff anderer Teilnehmer [BITK15].
Die Orchestrierung des Prozessablaufs und der Subsysteme erfolgt durch übergeordnete Anlagenfunktionen (MES, Edge Controller). Der Datenaustausch kann dabei u. a. Zustandsinformationen von Anlagenkomponenten, Aktor-Stellgrößen, Ablaufprogramme (bspw. GCode), Messwert- und Bildaufnahmen oder Fehlermeldungen umfassen. Andere höherwertige Applikationen und Datenmodelle (ML, PLM, DT) sind ebenfalls auf dieser Ebene implementiert. Der Transport von Produkt und Halbzeugen zwischen den Subsystemen kann durch interaktive Werkstückträger erfolgen, deren Zustand und Fähigkeiten ebenfalls über Verwaltungsschalen abgebildet werden.
Es ist zu betonen, dass die dargestellte Systemstruktur ein abstrahiertes Referenzmodell für produktionstechnische System darstellt. Aufgrund der Vielfalt an Anwendungsfeldern und Produktvarianten sowie der historisch-, kosten- oder umweltbedingten Anforderungen ist die jeweilige technische Struktur eine individuelle, anwendungsspezifische Ausprägung.

2.1.4 Produktionstechnisches Demonstrationsszenario

Production technology oriented Demonstration Scenario

Für die folgenden Betrachtungen zur modellbasierten Systementwicklung und der späteren Sprachkonzipierung, die zumeist einen hohen Abstraktionsgrad aufweisen, wird im Folgenden das produktionstechnische Beispiel einer Produktionsanlage für Entgratschleifteller als Demonstrationsszenario eingeführt. Die Analysen der Methoden werden zur praxisnahen Veranschaulichung *durchgängig* auf diesem basieren und es auszugsweise referenzieren. Dies soll eine verbesserte Verständlichkeit für den Leser und eine Vergleichbarkeit der Methoden untereinander sicherstellen sowie produktionstechnische Domänenspezifika in die Beispiele einbringen. Die Komplexität des Beispiels wurde dabei so gewählt, dass es ausreichend Details bietet, um den Funktionsumfang der jeweiligen Methodik darzustellen, jedoch nicht durch einen allzu aufwändigen Aufbau von der eigentlichen Betrachtung ablenkt.

Beschreibung des produktionstechnischen Szenarios

Entgratschleifteller werden insbesondere in Metallbearbeitungsprozessen zum Entgraten und Kantenverrunden eingesetzt.
Ihr Aufbau besteht typischerweise aus rechteckig geschnittenen Elementen von gekörntem Schleifgewebe („Schleifpapier") sowie mit abrasivem Metallpulver durchsetztem Stützvlies. Die Elemente sind in einer alternierenden Anordnung in einen Kunststoffteller eingeklebt, wobei die gleichmäßige konzentrische Ausrichtung aller Elemente wesentlich die Produktqualität bestimmt. Zusätzlich verfügt der Teller über eine spezifische Werkzeugschnittstelle[7].
Die Variation des Tellerdurchmessers, der Vlieshärte und Körnung,

[7] Schnellspannadapter (Links-, Rechtslauf), Schraubschnittstelle etc.

sowie der Geometrie und Anordnung der Schleifelemente[8] ermöglicht eine Vielzahl von Produktvarianten von Entgratschleiftellern (*variantenreiches Massenprodukt*).
Abbildung 2.4 zeigt die wesentlichen Schritte des Fertigungsprozesses.

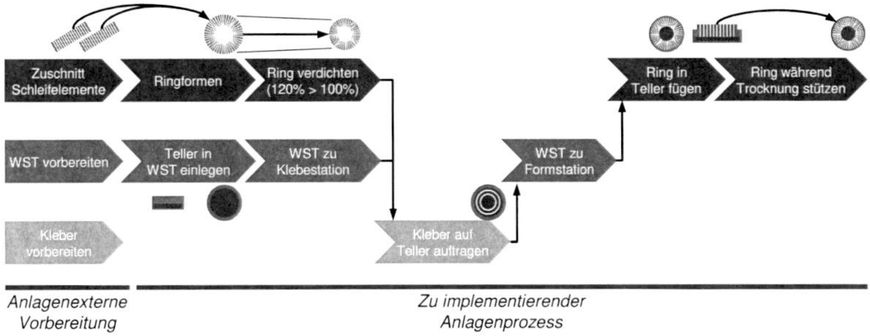

Abbildung 2.4: Fertigungsprozess von Entgratschleiftellern
Production Process of Grinding Discs

Die Umsetzung desselben erfolgt, basierend auf einer werkstückträgerbasierten Anlagenlogistik, als zirkulare, semi-automatisierte Produktionsanlage, Abbildung 2.5, die mittels Umrüstung größenvariant betrieben werden kann. Die Anlage besteht aus drei Zellen: (1) Bestückung/Entnahme, (2) Kleberstation, (3) kombinierte Form- und Verdichterstation.
Beginnend an der Bestückung setzt der Werker in einen leeren Werkstückträger (WST) einen neuen Kunststoffteller ein und platziert den WST dann auf das Förderband, welches zu einer Staustrecke vor der fest-getakteten Prozesskette aus (2), (3) führt.
Parallel dazu wird an der Formstation (3) der durch eine automatisierte Zuführung vorkonfektionierte, linear angeordnete Schleifelementstapel in die in ebenfalls linearer Ausgangsstellung befindliche Formmatrix eingeführt. Die Matrix (Federstahl) wird dann mittels einer Parallelkinematik über eine Zirkularbewegung in eine Kreisform überführt, vgl. Abbildungen auf Seite 42, 57. Die beiden Aufhängungen der Formmatrix (Y-Achse) sind dazu gegenläufig geführt. Der so kreisgeformte Schleifring entspricht 120% des Zieldurchmessers. Die Formmatrix wird anschließend von der Kinematik unter dem Verdichter positioniert und der Prozess pausiert.

[8]Zur Vereinfachung werden die geschnittenen Schleifgewebe und Schleifvlies im Folgenden als *Schleifelemente* bezeichnet.

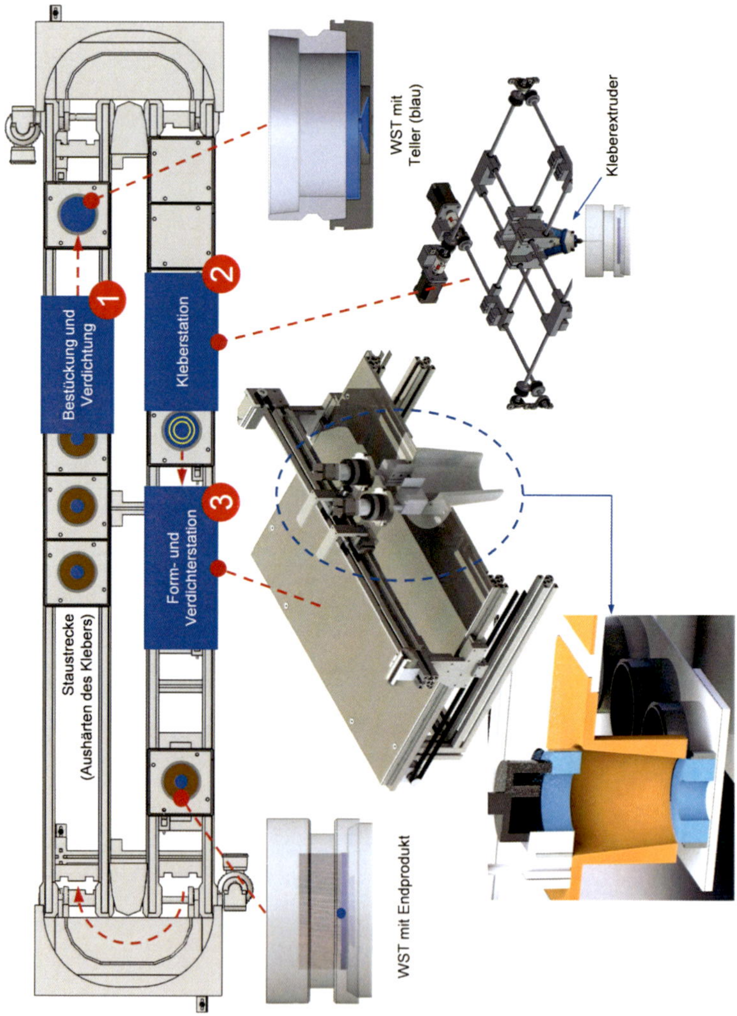

Abbildung 2.5: Detailansicht der Produktionszellen zur Fertigung von Entgratschleiftellern
Detailled View on Production Cells for the Production of Grinding Discs

Sobald die Formstation im Betriebszustand *Bereit zum Verdichten* ist, wird ein WST aus der Staustrecke vereinzelt zur Klebestation (2) transportiert. Durch eine Hubvorrichtung wird dieser auf die Arbeitshöhe eines Kleberextruders gebracht, der, durch eine Parallelkinematik bewegt, konzentrische Kreise des hochviskosen Klebers auf den Teller aufbringt. Anschließend wird der WST unmittelbar zum Verdichter (3) transportiert; eine Stauung ist in diesem Abschnitt aufgrund der Gefahr eines möglichen Antrocknen des Klebers nicht möglich.
An (3) angekommen wird der WST über eine Hubstation an die untere Öffnung des Verdichterkonus angehoben, sodass die Aufnahme des WST mit dem Trichter flächig bündig ist. Ein pneumatisch betriebener Verdichter-Stempel schiebt den Schleifring aus der Formmatrix direkt durch den konisch zulaufenden Verdichter schließlich in den mit Kleber beaufschlagten Kunststoffteller und überführt diesen dabei in den gewünschten Zieldurchmesser.
Abschließend verlässt der WST die Prozesskette und geht in eine Staustrecke über, in der dieser für eine vorgegebene Trocknungszeit verbleibt, die zurück zur manuellen Entnahme (1) führt.

2.2 Vorgehensmodelle für den interdisziplinären Produktentwicklungsprozess

Procedure Models for the interdisciplinary Product Development Process

Die Entwicklung produktionstechnischer Systeme erfolgt durch eine Vielzahl kooperierender Fachdisziplinen, u. a. Mechanik, Elektro-, Informations-, Fluid-, Regelungs- und Prozesstechnik sowie der Informatik [GÖHL18; FELD13a]. SPATH UND DANGELMAIER beschreiben diesen PEP mechatronischer Systeme als eine „interdisziplinäre Zusammenarbeit, in der an der Produktentstehung, Nutzung und Verwertung beteiligte Fachleute der verschiedensten Fachrichtungen und Akteure aus den verschiedenen Produktlebensphasen kommunizieren und gemeinsam arbeiten“ [SPAT16]. Zur zielorientierten Steuerung und Strukturierung der Entwicklungsarbeit sind bereits seit den 1940er Jahren systematisch strukturierte Entwicklungsprozesse, zunächst für die mechanische Konstruktion, erforscht worden [WÖGE43], die später auch auf andere Domänen wie Elektro- oder Softwaretechnik übertragen wurden [EIGN17a; FELD13a]. Die Adaptierung des methodischen Designs auf komplexe multidisziplinäre Systemarchitekturen erfolgte u. a. durch SUH, der eine vierschrittige Architekturdetaillierung beschreibt, indem Kundenanforderungen in Funktionale Anforderungen überführt werden, deren Implementierung durch Designparameter und Prozessvariablen erfolgt, Abbildung 2.6 [SUH98].

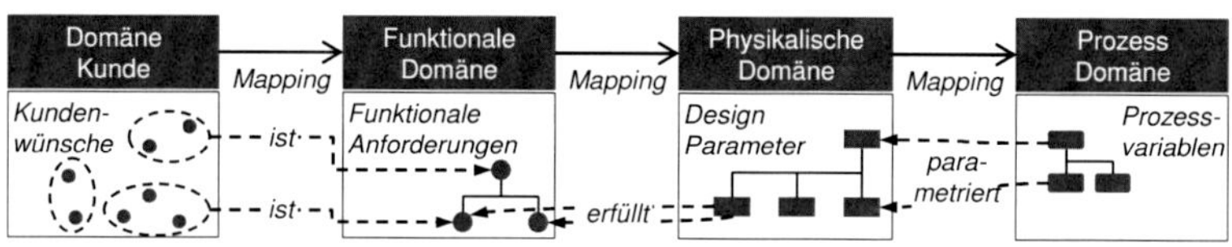

Abbildung 2.6: Entwurf von Systemarchitekturen, nach [SUH98]
Design of System Architectures acc. to [SUH98]

Ein prägender Meilenstein ist die Einführung des nach seiner Form benannten *Vee-Models* durch FORSBERG UND MOOZ Anfang der 1990er Jahre [FORS91], in dessen Folge im Jahr 2004 die *Entwicklungsmethodik für mechatronische Systeme* (V-Modell nach VDI 2206) entstand [VDI 04a]. Das zu deutsch bezeichnete *V-Modell* prägt bis heute stark das allgemeine Verständnis des Produktentstehungsprozesses, dessen Erweiterung V-Modell®XT den auf Bundesebene verpflichtenden Standard in zivilen und militärischen Entwicklungsprojekten darstellt [VERE06].

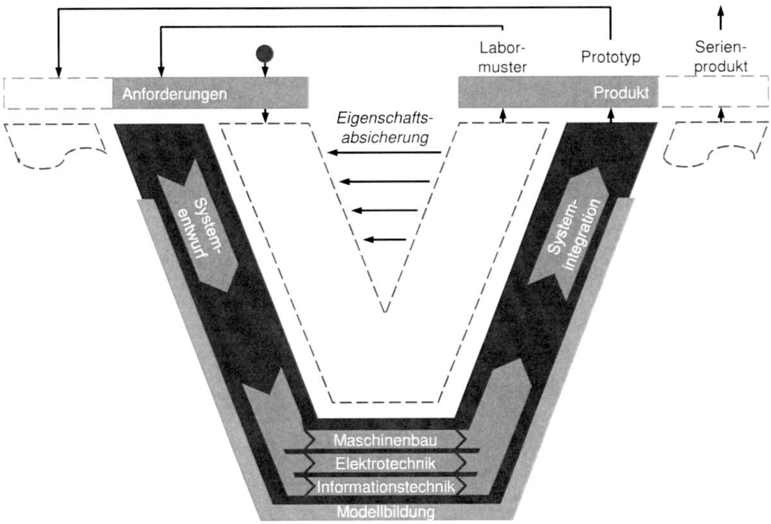

Abbildung 2.7: Vorgehensmodell für den Entwurf mechatronischer Systeme (V-Modell), nach [VDI 04a]
Workflow for the Design of Mechatronic Systems (V-Model) acc. to [VDI 04a]

Ausgehend von einer Anforderungsspezifikation und bereits existierenden Modulbausteinen beginnt die Systementwicklung im oberen linken Teil des V. Im Rahmen des Systementwurfs werden die wesentlichen Funktionen des Systems zunächst definiert und in der Folge (nach unten hin) iterativ detailliert. Mit dem Übergang in die domänenspezifische Phase erfolgt zunächst die getrennte Umsetzung und anschließend zusammenführende Implementierung, in dessen Konsequenz an der unteren Spitze das fertige Produkt steht. Die linke Seite beschreibt daher die Phase der Entwicklung & Implementierung. Zur rechten Seite aufsteigend erfolgt die Phase der Verifikation & Validierung, in der die testgestützte Eigenschaftsabsicherung des Systems als solches sowie in Interaktion mit seiner Umgebung erfolgt. Die Verschachtelung mehrerer Makrozyklen beschreibt die Produktreifung über iterative Entwicklungsphasen. Es ist zu betonen, dass die angedeutete monodirektionale Abfolge nicht als inhärente Prämisse aufzufassen ist; vielmehr werden notwendige Rückschleifen innerhalb des PEP im Falle von (späten) Konstruktionsfehlern und Anforderungsergänzungen u. a. durch die VDI 2206 betont.

Das Modell wird jedoch trotz seiner Verbreitung bis heute kontrovers diskutiert. So ist nach MUSCHIK nicht davon auszugehen, dass die Produktanforderungen zu Beginn vollständig bekannt sind, sondern sich gerade aus der iterativen Architekturdetaillierung entlang des Entwicklungsprozesses neue und verfeinerte Anforderungen ableiten [MUSC11]. Daraus ergeben sich auch innerhalb eines V-Modells Optimierungszyklen, deren Ergebnisse (Systemanpassungen, engl. Change Requests) eine Validierung erfordern. Als Abhilfe schlägt INCOSE hierzu die Integration iterativer Vorgehen, wie bspw. das inkrementelle Spiralmodell nach BOEHM ET AL., vor, in der die nächste Detaillierungsstufe der Systemarchitektur durch *risk reviews* entschieden wird [INCO15; BOEH14].
Hierzu kann das aus der entwicklungsbegleitenden Modellbildung entstandene virtuelle Abbild als Entscheidungsgrundlage eingesetzt werden, wie es GAUSEMEIER ET. AL., JANSCHEK und ISERMANN durch einen modellbasierten Problemlösungsprozess beschreiben [GAUS13; JANS09; ISER08]. Hier setzt auch das Konzept des *Digitalen Zwillings* an, der nach BOSCHERT UND ROSEN als virtuelle Repräsentation des realen System zugleich als Datencontainer von verknüpften Systemmodellen und -beschreibungen fungiert und diese mittels algorithmischen Services für das Engineering nutzbar macht [BOSC16].
Als weiteren kritischen Aspekt benennt BURSAC die fehlende Trennung des Modells zwischen Funktion, Gestalt und Wirkprinzip [BURS16]. Dies greift u. a. BENDER in dem als V-Modell-Erweiterung konzipierten 3-Ebenen Vorgehensmodell auf, welches, neben einer deutlich stärkeren Betonung der interdisziplinären Kooperation, die schrittweise Systemverfeinerung des funktionalen Systemverbunds zu einem Subsystem und einer Komponente als Basiselement einführt [BEND05]. Aus der gleichen Motivation erweitert EIGNER ET AL. das V-Modell um die horizontalen Architekturebenen *RFLP*[9], in denen die Realisierung funktionaler Anforderungen durch logische Systemverbünde physikalischer Komponenten erfolgt [EIGN12].

Eine stärkere Betonung der *Funktion* ist u. a. bei GILB und EHRLENSPIEL zu finden, wo zunächst aus Kundenanforderungen und Randbedingungen lösungsneutrale Funktionsstrukturen abgeleitet werden, deren Realisierung durch Systemarchitekturen erfolgt (Funktionaler Ansatz). Die Funktion dient im systemischen Modell als Wandler, welche im Kontext der einschränkenden Umgebung eine Wandlung von (Eingangs)Ressourcen in (Ausgangs)Leistungen vollzieht, Abbildung 2.8 [EHRL09b; GILB06]. Der Begriff *Funktionsträger*, wie er u. a. von FELDHUSEN UND GROTE als Synonym für Komponente verwendet wird, unterstreicht dabei zusätzlich die verhaltensbestimmende Rolle der Funktion [FELD13b].

[9] R: Requirement, F: Function, L: Logical Solution Unit, P: Physical Element

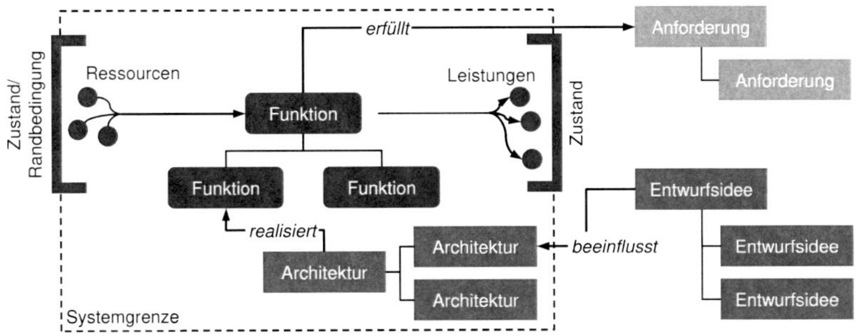

Abbildung 2.8: Funktionaler Systementwurf, nach [GILB06]
Functional System Design acc. to [GILB06]

Das Grundprinzip der getrennten und somit lösungsneutralen Strukturierung einer Maschinenfunktion bzw. des Maschinenverhaltens losgelöst von den realisierenden Komponentenstrukturen bzw. den ausführbaren Prozessen ist auch im Department of Defense Architecture Framework (DoDAF) des US Militärs sowie in der ISO 15288 und VDI 3694 zu finden [ISO 15b; DAM14; VDI 14]. Dieser Ansatz adressiert die Problematik, dass insbesondere im stark interdisziplinär geprägten Kontext die Fachdomänen aufgrund der unterschiedlichen Sicht- und Herangehensweisen zu isolierten Systembetrachtungen (sog. „Silodenken") tendieren. Die initiale Fokussierung auf den abstrakten Begriff einer Maschinen*funktion* soll daher das domänenübergreifende Denken stärken, indem ein gemeinsames lösungs- und domänenneutrales Verständnis der Wirkprinzipien geschaffen wird.
Funktions- und Komponentenarchitekturen werden daher häufig als separate Strukturen definiert (Funktionale Dekomposition), wobei Referenzen (*u. a. realisiert, besitzt, erfüllt*, vgl. Abbildung 2.8) die gegenseitigen Abhängigkeiten und Beziehungen darstellen. Dies erschwert jedoch wiederum zum einen die Modellierung eines funktionalen Kontexts von Maschinenkomponenten (*Machinery Context* nach WITTE ET AL.), welche die Rolle bzw. den Zweck einer jeden Komponente zur Umsetzung der Maschinenfunktion beschreibt [WITT18]. Zum anderen beeinträchtigt dies die Dokumentation von Design- und Entwurfsentscheidungen *für* eine bestimmte Maschinenarchitektur, da gerade die aus der Herleitung von Komponentenstrukturen zur Ausführung von Systemfunktionen entstehende Hierarchie eine wesentliche Verständnisgrundlage des funktionsorientierten Entwurfs darstellt.

Eine Lösung bietet dazu die Entwicklungsmethode ARCADIA[10] an, welche seit 2007 durch das französische Rüstungsunternehmen Thales entwickelt wird und im März 2018 als *Norme Expérimentale* durch die AFNOR standardisiert wurde [AFNO18]. ARCADIA fokussiert nach BONNET ET. AL den Anwendungsbereich des „systems, software, hardware architecture engineering" [BONN17, S. 2], insbesondere für Luft- und Bodenfahrzeugtechnik.

[10]ARCADIA: Architecture Analysis and Design Integrated Approach

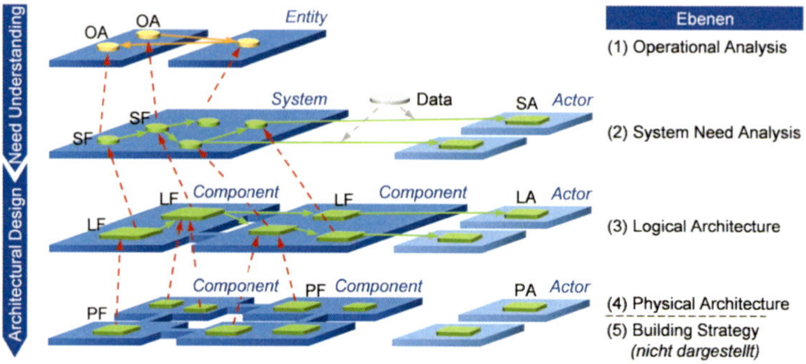

Abbildung 2.9: ARCADIA – Systemperspektiven, nach [VOIR18; ROQU16]
ARCADIA – System Perspectives acc. to [VOIR18; ROQU16]

Die Methodik führt einen 5-Ebenen-Ansatz ein, wobei in der initialen Phase *Operational Analysis* zunächst auf Basis der aggregierten Stakeholderanforderungen[11] Akteure und deren Interaktionen (OA: Operational Activity) lösungsneutral definiert werden, um die erforderlichen Fähigkeiten abstrakt zu formulieren. In der Folgephase *System Need Analysis* erfolgt eine Differenzierung dieser Verhaltensbeschreibung in Systemfunktionen (SF) und den Aktivitäten externer Akteure, wobei grundsätzliche (datenbasierte) Abhängigkeiten und Interaktionen als Funktionale Ketten beschrieben werden [VOIR18].
Die Ausgestaltung des technischen Systems erfolgt in den Folgephasen *Logical* und *Physical Architecture*, in der Systemkomponenten zunächst lösungsneutral als Logical Components definiert und strukturiert werden. Deren reale Implementierung wird abschließend durch die Allokation physikalischer Komponenten geplant.

Mit dem Aufkommen von CPPS und Systems-of-Systems als wandelbare Systemarchitekturen aufgabenorientiert-vernetzter sowie autonom interagierender Produktionsmittel ist jedoch zunehmend die Berücksichtigung dynamischer Systemgrenzen erforderlich. Nach EIGNER stellt hierbei die integrierte Produktentwicklung der dezentral interagierenden Services und Applikationen sowie der zugehörigen Hardwarekomponenten eine Herausforderung dar, die von aktuellen Methoden bisher nicht adressiert wird [EIGN15].
Im Rahmen des Forschungsprojekts *mecPro²* wurde dazu ein Modellrahmenwerk dediziert für die Entwicklung cybertronischer Produktionssysteme erarbeitet. Die sich aus der flexiblen Ein- und Auskopplung von Devices ergebenden heterogenen CPPS-Strukturen, sowie deren angestrebte Fähigkeit zur autonomen Identifikation, Interpretation und Interaktion mit anderen CP(P)S, erfordert modellbasierte, semantisch-standardisierte Schnittstellen-

[11] Nach FELDHUSEN ET AL.: „Als Stakeholder werden Personengruppen, wie z.B. Kunde, Gesetzgeber oder Servicemitarbeiter, bezeichnet, die Anforderungen an das Produkt stellen." [FELD13a, S. 322]

und Komponentenbeschreibungen. Gleichzeitig müssen Prozessschritte und Produktmerkmale lösungsneutral deklariert werden, um eine dynamische Zuordnung (engl. Matching) zu Produktionsressourcen zu ermöglichen. FOEHR ET. AL bezeichnen dies *Zero Engineering at Runtime* und fordern analog zu CADET ET. AL die Etablierung einer hierarchischen Systemmodellierung bereits in der interdisziplinären Spezifikationsphase, um die Nutzung formaler Produkt-, Prozess- und Komponentenbeschreibungen für den dynamischen Anforderungs-Fähigkeiten-Abgleich sicherzustellen [CADE17b; FOEH17]. [EIGN17a]

2.3 Modellbasierte Entwicklung produktionstechnischer Systeme

Model-Based Engineering of Production Systems

Der Systementwurf technischer Produktionssysteme gliedert sich im Allgemeinen in die Phasen der Identifikation, Analyse und Lösungsentwicklung des jeweiligen Entwicklungsproblems, vgl. Kapitel 2.2. Die Zielstellung dieses Prozesses ist es, aus der Analyse komplexer Anforderungen und Randbedingungen verschiedener Stakeholder eine technische Lösung durch die kreative Kombination von Neuentwicklungen und wiederverwendbarer Teillösungen zu erarbeiten, vgl. u. a. Entwicklungssystematiken nach VIETOR UND STECHERT [VIET13]. [BIFF17; KOWA12]

Nach MAURMAIER wird der Lösungsraum primär durch den Systemkonstrukteur und dessen Zulieferer bestimmt, während der Problemraum u. a. durch den künftigen Nutzer des Systems, gesetzliche oder unternehmensspezifische Vorgaben und Umgebungsbedingungen, wie dem Aufstellraum, bestimmt wird. Die Distanz zwischen den Räumen korreliert mit der zu erbringenden Entwicklungsleistung und wird durch Entwurfsentscheidungen geschlossen. MAURMAIER hebt dabei die zu überbrückende *semantische* Distanz hervor, die aufgrund unterschiedlicher Perspektiven und verwendeter Termini der nach VDI 2206 involvierten Fachdisziplinen entsteht [VDI 04a], vgl. „Silodenken". [MAUR13]

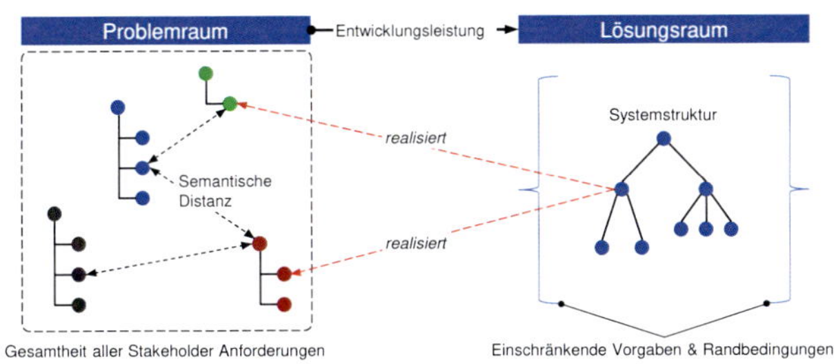

Abbildung 2.10: Abstraktion des kreativen Produktentwicklungsprozesses
Abstraction of the creative Product Development Process

Um Entwurfsentscheidungen treffen und dokumentieren zu können sind daher lösungsneutrale Abbildungen (Modelle) des Problemraums als Verständnis- und Entscheidungsgrundlage erforderlich. Aus den darin beschriebenen Anforderungen und Randbedingungen werden anschließend sukzessiv Entwurfsentscheidungen abgeleitet, die, in ihrer Gesamtheit, eine neue präskriptive Repräsentation der Eigenschaften des Zielsystems beschreiben, welche die ursprünglich gestellten Anforderungen erfüllt. Die Herausforderung bei dieser Transformation liegt zum einen in der geeigneten Notation, welche eine domänenübergreifende, intuitive, wiederverwendbare und eine flexible, anwendungsangepasste Formulierung der Zielstrukturen ermöglichen muss. Zum anderen betont BAJAJ ET AL., dass erst die Erfassung der Transformation in *einem* Modell (Problemraum → Lösungsraum) eine effiziente Nachverfolgbarkeit, Validierung und Transparenz ermöglicht [BAJA16].

2.3.1 Modellbasierte Systementwicklung

Model-Based System Development

Modellbasierte Spezifikationssprachen, häufig auch als Modellierungs- oder Beschreibungssprachen bezeichnet [VDI 10], stellen hierzu geeignete formale Modellierungswerkzeuge bereit, deren semantisch-standardisierte, wiederverwendbare und interdisziplinäre Notationsformen die Erstellung interdisziplinärer Systemmodelle im Entwicklungsprozess unterstützen.

FRIEDENTHAL beschreibt MBSE als „multidisciplinary approach to develop balanced system solutions in response to diverse stakeholder needs." [FRIE15, S. 4]. Modellbasierte Spezifikationssprachen unterstützen dies „by providing a coherent and consistent model of the system that supports the analysis, specification, design and verification activities" [FRIE15, S. 9].

Die Historie der Modellbasierten Entwicklung technischer Systeme (engl: MBSE) ist eng mit dem Beginn der Objektorientierten Softwareentwicklung und den initialen Arbeiten von JACOBSEN, BOOCH und RUMBAUGH zu Anfang der 1990er Jahre verbunden, in deren Folge es insbesondere seit 2000 zu einer verstärkten Übertragung der methodischen Ansätze auf die Ingenieurswissenschaften kam.

Einhergehend mit der Evolution und der wachsenden Variantenvielfalt technischer Systeme, Vorgehensmodelle und Entwicklungsmethoden existieren inzwischen verschiedene, sowohl generalistische (General-Purpose Modeling Language (GPML)) wie anwendungsspezifische (Domain-Specific Modeling Language (DSML)) Ansätze für den PEP, Abbildung 2.11.

Spezifikationssprachen können direkt wie im Falle von ARCADIA auf eine spezifische Entwicklungsmethodik angepasst (analog vice versa) oder unabhängig von einer Methodik entwickelt werden, vgl. SysML. Der Anwendungskontext einer Beschreibungssprache kann sich dabei auf einzelne oder mehrere Entwicklungsphasen, vgl. Abbildung 2.7, sowie unterschiedliche Fachdisziplinen erstrecken (generalistisch bis hin zum Fokus auf eine Domäne), wobei i. A. die folgenden Anwendungszenarien fokussiert werden [PAET17; BAJA16; BONN16]:

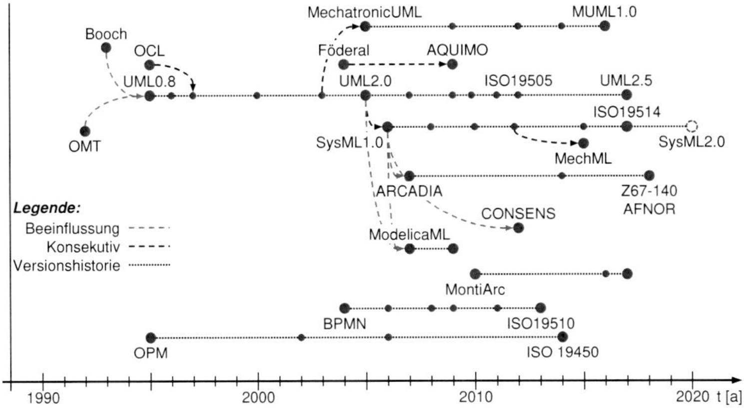

Abbildung 2.11: Entwicklungshistorie verschiedener modellbasierter Spezifikationssprachen für den PEP mechatronischer Systeme
Development History of various Model-Based Specification Languages for the PDP of Mechatronic Systems

- Erstellung eines zentralen, standardisierten Systemmodells für die interdisziplinäre Kollaboration und Dokumentation zur Reduzierung der verlustbehafteten Querkommunikation
- Modellierung mechatronischer bzw. funktionaler Abhängigkeiten. Validierung der Erfüllung von Anforderungen und Leistungsindikatoren
- Intuitiv nutzbare und verständliche Modellnotation zur Kollaboration und Persistierung des Entwurfswissens
- Bereitstellung formalisierter Modelle der Wirk- und Verhaltensprinzipien an nachgelagerte domänenspezifische Entwicklungsphasen
- Abbildung und Integration verschiedener Systemperspektiven und Detaillierungsgrade auf Basis einer skalierbaren Datenstruktur und Sprachsyntax
- Steuerung und Management des Entwicklungsfortschritts und der Verantwortlichkeiten

Demgegenüber stehen wesentliche Aufwände, die mögliche Hinderungsgründe für die Nutzung und Applikation von Modellierungssprachen darstellen [BAJA16; KAIS13; KOWA12]:

- Aufwändige Modellerstellung und Aktualisierung (variiert je nach Anwendungsfall)
- Anwendungsspezifische Anpassung und Erweiterung eines Sprachprofils

- Komplexe Integration von Modellen und Modellierungswerkzeugen in (softwarebasierte) Engineeringumgebungen
- Schulung von Mitarbeitern und Pflege von Modul-Bibliotheken
- Quantifizierung des ökonomischen Nutzens häufig problematisch

In Bezug auf den PEP produktionstechnischer Systeme ist festzuhalten, dass die Nutzung generalistischer Sprachen, wie der Systems Modeling Language (SysML), für die produktionstechnische Domäne thematisiert als auch domänenspezifische Spracherweiterungen und Spezialisierungen (als eigenständige Sprache oder als Profilerweiterung) erforscht werden, vgl. CONSENS, MechML.
Im Folgenden werden daher alle relevanten Sprachansätze, deren Anwendungsfokus für den Entwurf technischer Systemarchitekturen produktionstechnischer Systeme geeignet oder bedeutend sind, in Kapitel 2.3.3 vorgestellt und im Hinblick auf den interdisziplinären PEP bewertet. Vorab wird Kapitel 2.3.2 zunächst einleitend den formalen Aufbau von Spezifikationssprachen und deren Modellarchitekturen beschreiben.

2.3.2 Modellierung und Metamodelle

Modelling and Metamodels

KÜHNE beschreibt Modelle als „*abstraction of a (real or language-based) system allowing predictions or inferences to be made*" [KÜHN06, S. 370]. Sie dienen zur strukturierten Abbildung eines Objekts oder aktivitätbasierten Sachverhalts, wie der Planung (Bauzeichnung), Analyse (Verhaltensbeschreibung), Implementierung (Schaltplan) oder Vorgehen (Prozessabfolge), wobei zwischen deskriptiven[12] und präskriptiven[13] Darstellungen unterschieden wird. [KÜHN06]
Ferner klassifiziert STRAHRINGER Modelle in ikonische (bildliche) und linguistische (sprachliche) Modelle, Abbildung 2.12. Ergänzend dazu differenziert KÜHNE zwischen *Token Models*, deren Modellelemente eine 1:1-Abbildung eines realen Merkmals oder Bestandsteils darstellen, wie bspw. eine Baugruppe in einem CAD-Modell und *Type Models*, welche hingegen das Prinzip der Generalisierung verfolgen, sodass bspw. ein Arbeitsplan in Prozessschritte eingeteilt wird, dessen Merkmale individuell spezifiziert werden können [KÜHN06].

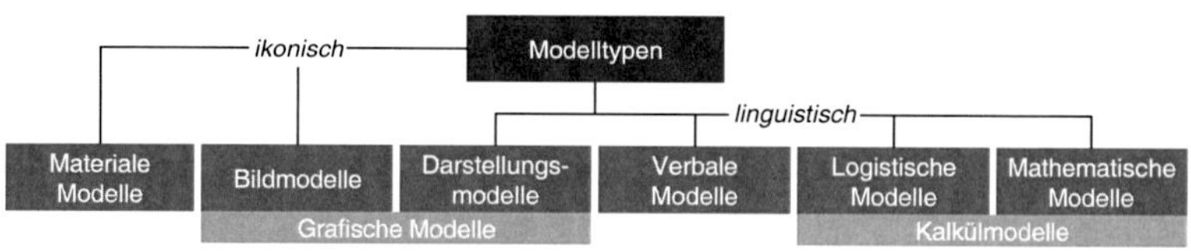

Abbildung 2.12: Klassifikation von Modellen, nach [STRA16]
Classification of Models acc. to [STRA16]

[12] den Istzustand beschreibend, „*Wie etwas ist*"
[13] den Zielzustand beschreiben, „*Wie etwas sein sollte*"

Für den Systementwurf produktionstechnischer Systeme werden i. d. R. präskriptive Darstellungsmodelle verwendet, welche als linguistische Type Models konzipiert sind. Sie beschreiben somit den Sollzustand eines Systems, zumeist in einer grafischen Entity-Relationship-Notation, wobei häufig eine starke Abstraktion auf fokussierte Merkmale des Systems, wie bspw. die Funktionsstruktur, Energieflüsse oder den Aufbau von Komponentenstrukturen, zwecks Kompaktheit und Verständlichkeit vorgenommen wird.
Um eine standardisierte Formulierung von Modellen zu erreichen, unterliegen diese einem *fest definierten, bedeutungsabgegrenztem Vokabular* (Semantik), *grammatikalischen Regeln* (Abstrakte Syntax) und einer *Notationsform* (Konkrete Syntax) [KARA16], die in einem übergeordneten Modell, dem Metamodell, definiert sind.
Die Modellinstanzen und -relationen[14] sind daher eine homomorphe Abbildung des Metamodells, wobei auch diese wiederum einer übergeordneten formalen, zumeist reflexiven Sprachspezifikation (Meta-Metamodell) entspricht [BRAM12; HEND11]. Die meisten Modell-Architekturen bauen auf einer derartigen intransitiven *4-layer hierarchy* auf, prinzipiell ist die Anzahl der Metaebenen jedoch nicht beschränkt [OMG16], Abbildung 2.13.
Als bedeutendste Meta-Meta-Modellierungssprachen sind die *MOF* der OBJECT MANAGEMENT GROUP (OMG), sowie *Ecore* des ECLIPSE MODELING FRAMEWORK (EMF) zu nennen [ECLI19; OMG16].

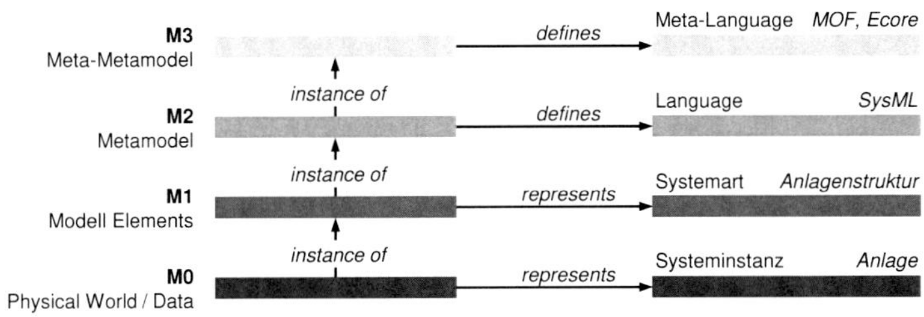

Abbildung 2.13: Linguistische Metamodell-Architektur, nach [OMG16; BRAM12; HEND11]
Linguistic Metamodel Architecture acc. to [OMG16; BRAM12; HEND11]

Ergänzt werden die o.g. linguistischen Classifier-Instance Strukturen durch Ontologien, die es erlauben, Modellelementen eine semantische Bedeutung zuzuweisen. Die Einbindung ontologischer Metamodelle erfolgt analog mittels Classifier-Instance Relationen, die parallel zu den o. g. Beziehungen existieren, Abbildung 2.14.

Am Beispiel zeigt sich, dass die in einer ontologischen Metaebene genutzte Generalisierung komplexe Klassifikationen erlauben. STRAHRINGER weißt in diesem Kontext jedoch darauf hin, dass sich diese Beziehungen strukturell wie inhaltlich von Classifier-Instance-Relationen der Metaebenen unterscheiden und ggf. schwer zu differenzieren sind [STRA16].

[14] Die Relationen sind als *Class-Object-* oder *Classifier-Instance* Beziehungen konzipiert

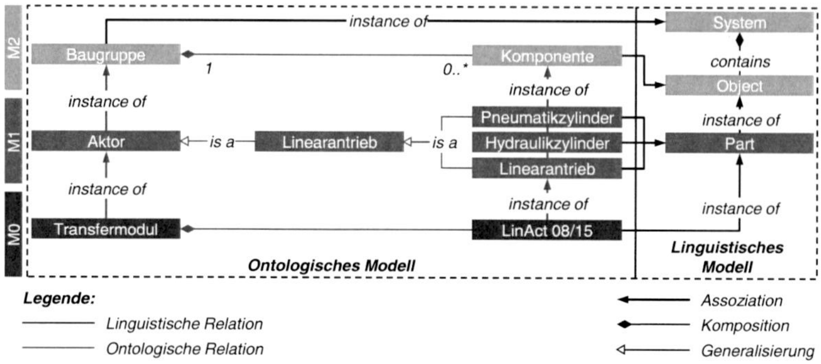

Abbildung 2.14: Modellierung mit linguistischen und ontologischen Typmodellen, nach [MAUR13]
Modeling with linguistic and ontological Type Models acc. to [MAUR13]

2.3.3 Interdisziplinäre Architekturmodellierung produktionstechnischer Systeme

Architectural Models of Production Systems

Im Folgenden werden aktuelle und für die Architekturmodellierung produktionstechnischer Systeme relevante Spezifikationssprachen vorgestellt, sowie im Hinblick auf Vor- und Nachteile im Kontext des interdisziplinären PEP analysiert und bewertet. Die Liste stellt eine anwendungsfallbezogene Auswahl von Architecture Description Language (ADL)[15] mit dem Fokus auf interdisziplinäre Spezifikationssprachen für Systemarchitekturen und ablauforientierte Verhaltensbeschreibungen dar.
Zur Qualifizierung des Modellnutzens und der Modellqualität erfolgt die inhaltliche Sprachanalyse auf Basis der folgenden fünf Kriterien, welche an die Bewertungsparameter für Modelle und Modellstrukturen nach PATZAK angelehnt sind [PATZ82]:

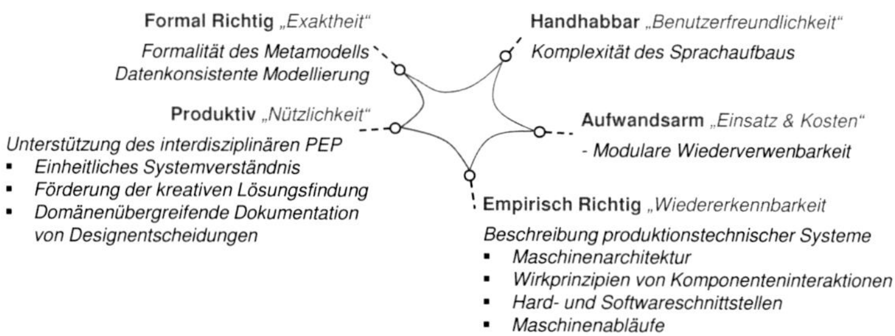

Abbildung 2.15: Bewertungskritierien zur Charakterisierung von Modellen, nach [PATZ82]
Evaluation Criteria for the Characterization of Models, acc. to [PATZ82]

[15] ADL lassen sich wiederum in die Kategorien GPML und DSML aufteilen

In Bezug auf bereits erfolgte Untersuchungen von MBSE-Sprachen kritisieren REICHWEIN UND PAREDIS, dass direkte Vergleiche der Sprachen untereinander aufgrund der restriktiven Informationspolitik der Anwender (u. a. Avionics, Automotive, Automation), sowie der jeweils starken domänenspezifischen Ausprägung nur schwierig möglich sind [REIC12].
Um dem Leser dennoch eine vergleichbare Veranschaulichung der jeweiligen Sprachformate zu ermöglichen, wird im Folgenden durchgängig das Szenario einer automatisierten Produktionsanlage für Schleifteller verwendet, siehe Applikationsbeschreibung in Kapitel 2.1.4. Die Komplexität des Beispiels wurde dabei so gewählt, dass es zum einen ausreichend Details bietet, um den Funktionsumfang der Sprache darzustellen, jedoch zum anderen nicht durch einen allzu aufwändigen Aufbau von der Sprachstruktur ablenkt.
Wenngleich Anforderungsbeschreibungen ein integraler Bestandteil verschiedener Sprachformate sind, werden diese bewusst nicht in die Betrachtung einbezogen. Das Requirements Engineering hat sich in den vergangenen Jahren als eigenständige Domäne entwickelt, die zudem über separate Softwarelösungen verfügen. Daher setzen die folgenden Betrachtungen eine von dem Systemarchitekturmodell losgelöste Erstellung und Verwaltung von Anforderungen voraus.

2.3.3.1 Systems Modeling Language (SysML)

Systems Modeling Language (SysML)

Die SysML[16] wurde im Jahr 2006 als Derivat des UML2.1-Standards durch die OMG begründet. Die Spezifikationssprache basiert auf einem generalistischen Ansatz und hat zum Ziel, als „[GPML] for systems engineering“ [OMG17, S. 3] eine allgemeingültige Modellierungssprache für die Systementwicklung technischer Systeme zu etablieren. Die aktuelle Fassung ist Version 1.5, wobei für 2021 die umfassend überarbeitete SysML v2.0 angekündigt ist [OMG18], die vorrangig eine Loslösung von UML (SysML v1 ist ein UML-Profil) sowie eine Präzisierung und erweiterte Ausdrucksfähigkeit der Sprache vorsieht. SysML wird von verschiedenen Autoren und Verbänden aufgrund ihrer Verbreitung sowie der umfangreichen und flexiblen Syntax als die gängigste Spezifikationssprache („de Facto MBSE-Standard“) bezeichnet.
Die Sprachspezifikation wurde unabhängig von einer Entwicklungsmethodik (vgl. Kapitel 2.2) entwickelt, es existieren jedoch eine Vielzahl von Vorgehensmethoden, die speziell für SysML entwickelt oder angepasst wurden, siehe Auflistungen in [DICK17; KAIS13].

SysML baut auf grafische Darstellungsmodelle zur Systemmodellierung auf, Abbildung 2.16. Die Diagramm-Taxonomie umfasst neun Diagrammtypen, welche sich in vier Hauptbereiche aufteilen: *Anforderungen*, *Struktur*, *Parameter* und *Verhalten* [STEI15].

[16] vgl. ISO/IEC 19514:2017

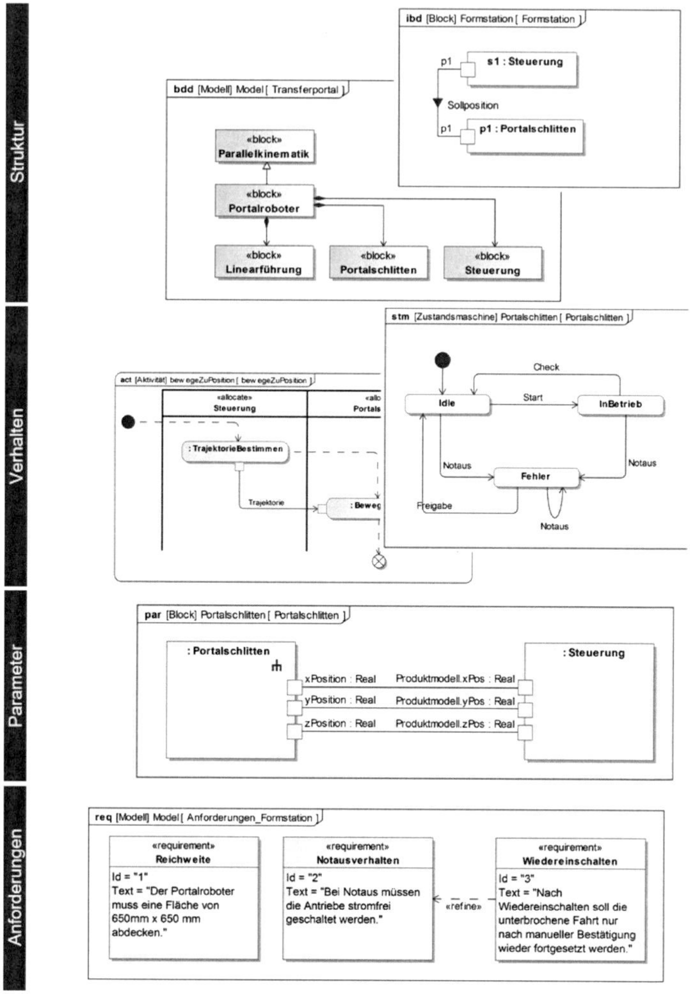

Abbildung 2.16: SysML-Diagramm Taxonomie eines Portalroboters, nach [STEI15]
SysML Diagram Taxonomy of a Portal Robot acc. to [STEI15]

Das UseCase-, Paket- & Sequenz-Diagramm ist aus Darstellungsgründen nicht aufgeführt.

Der objektorientierte Ansatz ermöglicht die Trennung der Definition und Verwendung von Elementen. Im *Block Definition Diagram (BDD)* werden zunächst mittels *Blocks* Elementtypen[17] definiert, welche durch Relationen (Generalisierung, Komposition etc.) in eine (komponentenorientierte) Systemarchitektur hierarchisiert werden. Detailliertere Komponenteninteraktionen und Interdependenzen, wie bspw. konditionale Abläufe, Zustandsautomaten oder Energie- und Informationsflüsse, werden anschließend in den weiteren Diagrammen modelliert, indem Modellelemente, auf Basis der BDD-Definitionen, typisiert, instanziiert und anschließend mit den diagrammspezifischen syntaktischen Elementen verknüpft werden, Abbildung 2.16.

Die Nutzung typgleicher Elementinstanzen in verschiedenen Diagrammarten ermöglicht es somit, verschiedene Systemperspektiven (engl. Views) unterschiedlicher Granularität zu modellieren. Sprachelemente (bspw. *Block*, *Part*, *Flow* etc.) können zudem als *Stereotypes* anwendungsspezifisch abgeleitet werden, um individuelle SysML-Profile zu definieren [KAIS13]. Diese können entweder eigenständige Sprachstrukturen darstellen oder als Erweiterung der Kernsprache konzipiert sein, um bspw. ein zunächst abstraktes bzw. generalistisches Asset der Systemarchitektur für die spätere domänenspezifische Ausarbeitung zu spezifizieren, vgl. V-Modell aus Kapitel 2.2.

Trotz seiner bedeutenden Stellung als dominierender MBSE-Standard, insbesondere in den Branchen Aerospace, Defense und Automotive, ist die Anwendung im Kontext des Maschinen- und Anlagenbaus noch problembehaftet [VAN 17; BREC16b; GÖLZ15; GAUS14]. Hierzu können folgende Gründe angeführt werden:

Implementierung von Anlagenfunktionen
Die Modellierung einer Funktion, im Sinne einer Anlagenfähigkeit, erfolgt in SysML mittels einer *Activity*. Um die im Anlagenengineering häufig verwendete Dekomposition komplexer Funktionsstrukturen zu unterstützen (vgl. [VDI 14]), umfasst die SysML-Spezifikation auch die Modellierung von *Activity Trees* in BDDs.
Neben der verständnismindernden semantischen Differenz [BONN16] und der Problematik, dass dies eine eher unbekannte Funktionalität[18] ist [WEIL12], können so keine direkten Relationen zwischen einer Activity und einem Block, dem zentralen BDD-Modellelement, welches für die Modellierung von Komponenten und Komponentenstrukturen konzipiert ist, erstellt werden. Die fehlende Verbindung erschwert es dem Modellierenden funktionale Systemarchitekturen zu definieren, die u. a. beschreiben, *wie* bestimmte Anlagenfähigkeiten durch *welche* spezifischen Komponentenstrukturen realisiert werden.
LAMM und WEILKIENS regen daher die Integration Funktionaler Architekturen in SysML an [LAMM10]. Einen Lösungsansatz beschreiben EIGNER ET AL. und ESTEFAN [EIGN12; ESTE07], indem typisierte Querverweise („*realize*") die Elemente einer BDD-Funktionshierarchie mit den BDD-Systemkomponenten zu einer (logischen) Systemhierarchie vernetzen. Dies soll, gemäß dem iterativen Charakter des PEP, es auch ermöglichen, dass die i. d. R.

[17] vgl. *Klasse* aus Object-Oriented Software Engineering (OOSE)
[18] Das Feature wird aktuell nur von einem SysML-Editor unterstützt [WEIL12]

im Anschluss an die Funktionale Dekomposition entstehende BOM-artige Systemhierarchie direkt mit derselben verlinkt werden kann. Querverweise können jedoch rasch zu grafisch unleserlichen Modellen führen, insbesondere wenn verschiedene Systemkomponenenten mehreren Systemfunktionen zuzuordnen sind.

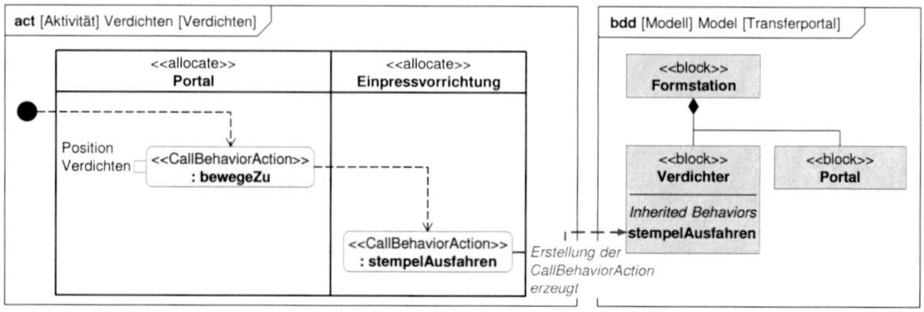

Abbildung 2.17: Implizite Zuordnung einer Activity zu einem Block via Instanziierung einer CallBehaviorAction
Implicit Assignment of an Activity to a Block via the Instantiation of a Call-BehaviorAction

Darüber hinaus bietet SysML eine indirekte Möglichkeit, um eine Beziehung zwischen einer Activity und einem Block herzustellen, Abbildung 2.17
Dazu instanziiert man eine *CallActionBehavior* (Action) in einem Activity-Diagram, welche durch die Activity typisiert wird. Das Modellelement Action ist dann implizit als *Inherited-Behavior* direkt dem *Block* zugeordnet, welcher die zugehörige *Swimlane* definiert. Jedoch stellt dies nur eine indirekte 1:1-Beziehung dar, während die relevanteren 1:m-Beziehungen nur aufwändig umsetzbar sind.
Dieser Sachverhalt soll auch beispielhaft verdeutlichen, weswegen u. a. nach STEINER SysML, insbesondere von nicht-Softwarespezialisten, als zu komplex wahrgenommen wird [ROQU16; BONN16; STEI14].

Konsistente[19] Modellierung

Gemäß dem objektorientierten Ansatz, definiert das BDD eine Objekttypenhierarchie, die einer Komponentenstruktur entspricht. In den anderen Diagrammen ist der Modellierende jedoch nicht dazu angehalten diese Typdefinitionen weiterzuverwenden. Beispielsweise ist es möglich, im Internal Block Diagram (IBD) *Parts* (mit oder ohne Verwendung eines Objekttyp-Classifiers) zu instanziieren und Interaktionen via *Ports* zu definieren. Somit können in verschiedenen Diagrammen unterschiedliche Antriebsrepräsentationen verwendet werden, ohne dass die Instanzen in Beziehung zueinander stehen, wodurch in der Folge

[19]Konsistent: Widerspruchsfrei, in sich beständig (nach Duden)
Multi-Diagramm-Modelle sind *konsistent*, wenn Modellelemente unterschiedlicher Systemperspektiven respektive Diagramme, die den gleichen Sachverhalt (bspw. Objekt, Funktion, Relation) abbilden, zueinander synchronisiert sind

inkonsistente Modelle entstehen. Dies mindert nach KAISER die „Vergleichbarkeit, Vollständigkeit oder Richtigkeit der Modelle“ [KAIS13, S. 51]. Dies gilt analog für alle Verhaltensdiagramme.

Semantische Eindeutigkeit
Nach WEILKIENS ist eine Präzisierung der Semantik erforderlich, um zum einen Fehldeutungen und, wie bereits oben angeführt, die Minderung des intuitiven Modellverständnisses zu minimieren. „Solange es einen Interpretationsspielraum gibt, [...] entstehen Missverständnisse mit Fehlern und in der Folge schnell hohe Kosten und zeitliche Verzögerungen.“ [WEIL17]
Als Beispiele können hier die Port-Typen des IBD angeführt werden, die dazu dienen, verschiedenartige Interaktionen zwischen Komponenten zu spezifizieren: *Proxy Port, Port, Full Port, Flow Port*

Abbildung 2.18: Erfüllungsgrad der Bewertungskriterien durch SysML

2.3.3.2 OPM
OPM

Die von DORI seit Beginn der 1990er Jahre am Technion[20] und MIT[21] konzipierte Object-Process Methodology (OPM) ist eine GPML für die Beschreibung komplexer Systeme, vgl. [DORI16; ISO 15a; STUR06]. Obgleich die Zielstellung der interdisziplinären Systemspezifikation äquivalent zu gängigen MBSE-Sprachen, wie bspw. SysML, ist, so unterscheidet sich das Paradigma dieses Ansatzes deutlich davon. Basierend auf der Annahme

> *Using the smaller ontology puts less cognitive load on the human modeler, making the conceptual model more comprehensible and communicable to all the stakeholders without compromising the fidelity and detail level of the model. [DORI16, S. 77-78]*

leitet DORI Axiome ab, nach denen die Systemspezifikation in OPM durch *einen* Diagrammtypen erfolgt. Mit der Zielstellung, dass „fewer diagram kinds and fewer symbols and relations" [DORI16, S. 78] die kognitive Last reduzieren, wird ferner definiert, dass die Abstraktion von Systembetrachtungen durch zwei Grundelemente erfolgen soll [DORI16]:

1. In der Welt können *Dinge* existieren oder geschehen
2. Dinge die existieren und ggf. zustandsbehaftet sind, werden durch *Objects* abgebildet
3. Dinge die geschehen und ggf. einen (zustands)verändernden Einfluss auf Objects haben, werden durch *Processes* dargestellt

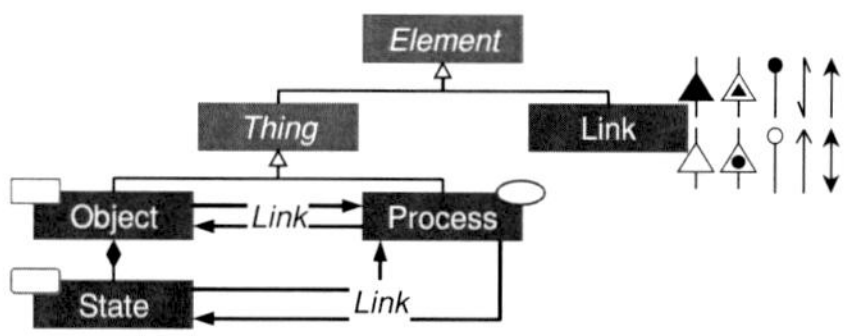

Abbildung 2.19: Metamodell des OPM-Diagramms und der entsprechenden grafischen Modellrepräsentationen, nach [DORI16; ISO 15a]
Metamodel of the OPM Diagram and corresponding Model Representations acc. to [DORI16; ISO 15a]

OPM löst sich damit von einem strikten objektorientierten Ansatz, indem das Element *Process* nicht ein Teil eines *Object* ist, sondern als gleichberechtigtes Element auf der gleichen Modellierungsebene beschrieben wird. Dieser namensgebende Syntaxumfang bildet die Basis für die Erstellung der Systemperspektiven *Systemstruktur* und *Systemverhalten*, Abbildung 2.19. Beziehungen zwischen den Elementtypen werden durch *Links* beschrieben.

[20] Technion: Israel Institute of Technology
[21] MIT: Massachusetts Institute of Technology

Das grafische Modell Object-Process Diagram (OPD) kann zudem stets durch eine äquivalente textuelle Repräsentation der Object-Process Language (OPL) beschrieben werden. Die folgende Abbildung 2.20 zeigt ein exemplarisches OPM-Beispiel, in dem sowohl beide Systemperspektiven sowie die Modellrepräsentationen OPD und OPL dargestellt sind.

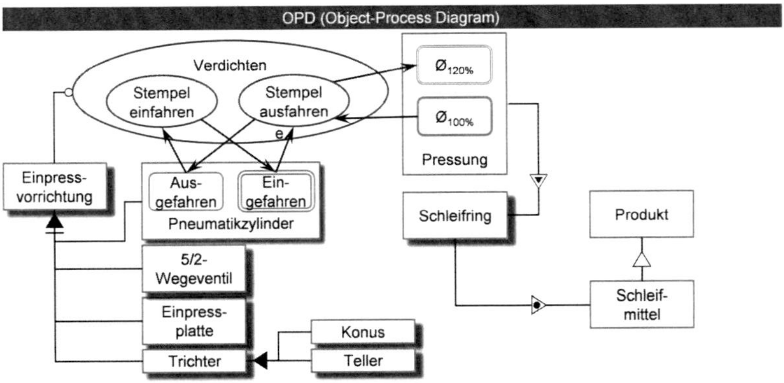

OPL (Object-Process Language)

Schleifring umfasst **Pressung**

Pressung kann **$Ø_{120\%}$** oder **$Ø_{100\%}$** sein

Pressung ist initial **$Ø_{120\%}$** und final **$Ø_{120\%}$**

Stempel ausfahren ändert Pressung von $Ø_{120\%}$ zu $Ø_{100\%}$

Pneumatikzylinder ist inital **Eingefahren** und final **Eingefahren**

Stempel einfahren ändert **Pneumatikzylinder** von **Eingefahren** zu **Ausgefahren**

Eingefahren initiiert **Stempel ausfahren**

Einpressvorrichtung besteht aus **Pneumatik-Zylinder** [...] und anderen Teilen

Trichter besteht aus **Konus** und **Teller**

Schleifring ist eine Instanz von **Schleifmittel**

Schleifring ist physikalisch (mit Schattierung)

Schleifmittel und **Produkt** sind abstrakt (ohne Schattierung)

Schleifmittel ist ein Produkt

Abbildung 2.20: Exemplarisches OPM-Modell als OPD- und OPL-Repräsentation
Exemplary OPM Model as an OPD and OPL Representation

Die drei stark abstrahierten Grundelemente erlauben eine hohe Modellierungsfreiheit und eine schnelle Erstellung von Systemmodellen, wobei die in Ergänzung eingeführten verschiedenen Relationstypen und Objektprädikate die Detaillierung komplexer Architekturen und Wirkstrukturen erlauben. Dies steht jedoch im Kontrast zu der oben zitierten Annahme. So erschwert insbesondere die fusionierte Darstellung der Produktstruktur und der ablauforientierten Verhaltensbeschreibung die Lesbarkeit für Nicht-Experten, da diese erst aus der Vielfalt an Prädikaten und Darstellungsvarianten eines *Object* bzw. *Process* ermöglicht wird. Darüber hinaus erfordert gerade die reduzierte Menge der Modellelemente ein hohes Abstraktionsniveau bei der Erstellung von Systemmodellen, da keine implizite Leitung des Modellierenden durch vorgegebene Bedeutungen von Diagrammelementen erfolgt.

In Bezug auf den Anwendungskontext produktionstechnischer Systeme ist festzuhalten, dass es möglich ist, unterschiedliche Basisabläufe zu definieren und diese zu komplexeren Ablaufbeschreibungen zu kaskadieren. Komplexere Kontrollstrukturen wie Schleifen, komplexe konditionale Verzweigungsbedingungen, die mehr als einen Zustand adressieren, oder die Parametrisierung von Aktionssequenzen, können jedoch nicht abgebildet werden. OPM enthält zudem keine äquivalente Beschreibung für Ports, die eine intuitive Modellierung von bspw. Interfaces oder mechanischen resp. elektrischen Schnittstellen ermöglicht.

Darüber hinaus ist anzumerken, dass die OPM-Datenstruktur stark semantischen Tripeln ähnelt, deren Konstrukt auf der Relation *Subjekt* → *Prädikat* → *Objekt* basiert, vgl. Resource Description Framework (RDF) der World Wide Web Consortium (W3C) [W3C19b] oder Wissensgraphen[22] im Allgemeinen. DORI argumentiert dazu, dass die mangelnde Eindeutigkeit von RDF-Ausdrücken zu Fehldeutungen führen kann [DORI16]. Dieses Problem ließe sich jedoch, analog zur etablierten Semantic Web Technology, durch die Integration eines geeigneten linguistischen Modells (Ontologie), vgl. Abbildung 2.14, beheben.

Abbildung 2.21: Erfüllungsgrad der Bewertungskriterien durch OPM

2.3.3.3 AQUIMO (Föderal)

AQUIMO (Föderal)

Die BMBF-Verbundprojekte *Föderal* und das konsekutive AQUIMO[23] umfassen die Entwicklung einer baukastenbasierten Entwicklungsmethodik für interdisziplinäre Entwicklungsprozesse von Maschinen und Anlagen [VDMA10].
Im Projekt Föderal wurde dazu eine Modellierungsmethodik für ein interdisziplinär verständliches Systemmodell, basierend auf einem objektorientierten funktionalen Dekompositionsansatz, erarbeitet. Das Informationsmodell kann dabei als semantisches Netz verwendet werden, sodass einzelne Modellelemente mit disziplinspezifischen Artefakten wie bspw. CAD-Dateien, Schalt- oder Fluidplänen verlinkt werden können [ANGE03]. Ergänzend dazu

[22] engl: Knowledge Graphs

[23] AQUIMO: Adaptierbares Modellierungswerkzeug und Qualifizierungsprogramm für den Aufbau firmenspezifischer mechatronischer Engineeringprozesse

führt AQUIMO domänenübergreifende modellkonsistente Beschreibungsmittel (schematische 3D-Darstellungen, Gantt-Chart-orientierte Verhaltensspezifikationen und *Installationsdiagramm*) ein [VDMA10], die durch eine reduzierte Komplexität die relevanten Schnittstellendaten der beteiligten Domänen verständlich dokumentieren.

Das Informationsmodell sieht die Gliederung des mechatronischen Systems in verschiedene Hierarchieebenen auf Basis der intransitiven Grundelemente *Station*, *Funktionsgruppen* und *Funktionseinheiten* vor. Die Funktionseinheiten selbst können, analog zur Definition eines mechatronischen Systems nach ISERMANN und JANSCHEK, vgl. Kapitel 2.1.2, aus einer Menge von Aktoren und Sensoren bestehen. Analog zu SysML, wird die Maschinenstruktur zunächst in einem Metamodell, dass hier als wiederverwendbare Modulbibliothek verstanden wird, definiert und anschließend (ggf. bedarfsorientiert adaptiert) instanziiert.
Gemäß des funktionalen Ansatzes werden *Stationen* in Funktionen (*Funktionsgruppe*) bzw. Maschinenfähigkeiten unterteilt, welche wiederum durch eine Menge von *Funktionseinheiten* realisiert werden [VDMA04]. Diese Strukturierung löst sich damit bewusst von der klassischen topologisch geprägten Baugruppenhierarchie der Mechanik. Vielmehr verfolgt dieser Modellierungsansatz die Strukturierung der Systemarchitektur entlang aller zum *Betrieb* einer Maschinenfunktion *beitragenden* Komponenten. Der Ansatz stellt damit eine Umsetzung der von FELDHUSEN ET AL. beschriebenen Transformation der Produkt- und Funktionsstruktur in eine *Produktarchitektur* dar. [FELD13b, S. 256]

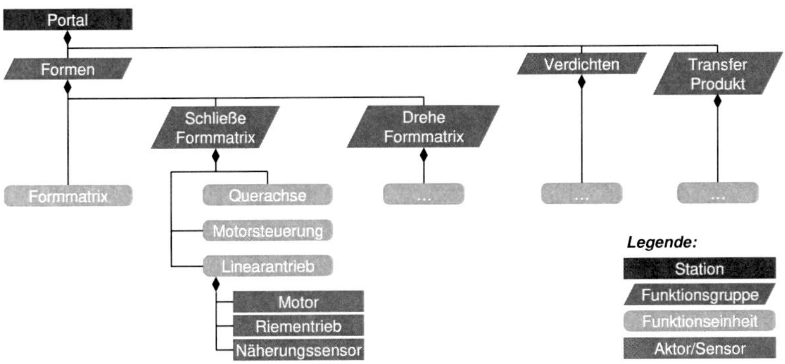

Abbildung 2.22: Aufbau des Föderal-Informationsmodells, nach [VDMA04]
Structure of the Föderal Information Model acc. to [VDMA04]

Derartige Funktionsstränge können sich über die gesamte geometrische Ausdehnung der Maschine erstrecken, wodurch alle an der Realisierung einer Maschinenfähigkeit beteiligten Fachdisziplinen adressiert werden können. Dies stärkt das domänenübergreifende Verständnis und den zielgerichteten Austausch zu den gegenseitigen Abhängigkeiten und erforderlichen Schnittstellen in der Entwurfs- und Implementierungsphase.

Ferner sieht die Methodik vor, dass Funktionsgruppen als Verben (bspw. *Greifen*), sowie Stationen und Funktionseinheiten (bspw. Zuführung oder Zylinder) als Substantive formuliert werden [VDMA04] um eine domänenneutrale Formulierung zu fördern, vgl. [FELD13b]. Diese beiden zentralen Aspekte tragen wesentlich zur Stärkung des interdisziplinären Verständnisses und der Bildung einer gemeinsamen Kollaborationsbasis bei.

Die Entwurfsmethodik des Informationsmodells lässt jedoch offen, wie die Modellierung von Funktionseinheiten zu erfolgen hat, die in mehreren Funktionsgruppen wirken.
Zudem sieht die Sprachstruktur keine weiteren Dekompositionsebenen als die in Abbildung 2.22 gezeigte Detaillierungstiefe vor. In [VDMA04] wird zwar eine Verfeinerung der Funktionsgruppenebene in Funktionsbäume benannt, vgl. Abbildung 2.22, jedoch ermöglicht dies keine Gliederung in die im Anlagenbau üblichen Zellen-, Maschinen- und Komponentenebene.

Darüber hinaus führt die Methodik weder eine formale Spezifikationsvorschrift für die zusätzlichen Beschreibungsmittel *Verhaltensmodell* und *3D-Darstellung* ein, noch verfügen Modellelemente des Informationsmodells über verlinkende Attribute oder Referenzen auf die syntaktischen Grundelemente. Dies erschwert die Synchronisation der Beschreibungsmittel untereinander und die Erstellung datenkonsistenter Systemmodelle.
Zuletzt ist, mit Bezug auf die in Kapitel 2.1.2 beschriebene Komplextität produktionstechnischer Systeme, anzumerken, dass die Gantt-Chart-orientierten AQUIMO-Verhaltensmodelle keine Möglichkeit bieten, komplexe Verzweigungen, Iterationen oder dynamische Daten- bzw. Materialflüsse zu beschreiben, obwohl diese von hoher Relevanz für interdisziplinäre Ablauf- und Prozessspezifikationen sind.

Eine Ergänzung des Föderal-Ansatzes stellt die *METUS-Raute* dar, die von der ID-Consult GmbH erarbeitet wurde, Abbildung 2.24, welche eine Aggregation der aus der funktionalen Dekomposition hergeleiteten Funktionseinheiten (links) in modulare Baugruppen vorsieht (rechts). Dies ermöglicht die direkte Kopplung funktionalen Architektur mit aufbauorientierten Komponentenstrukturen, vgl. BOM. [TRET08]

Abbildung 2.23: Erfüllungsgrad der Bewertungskriterien durch AQUIMO

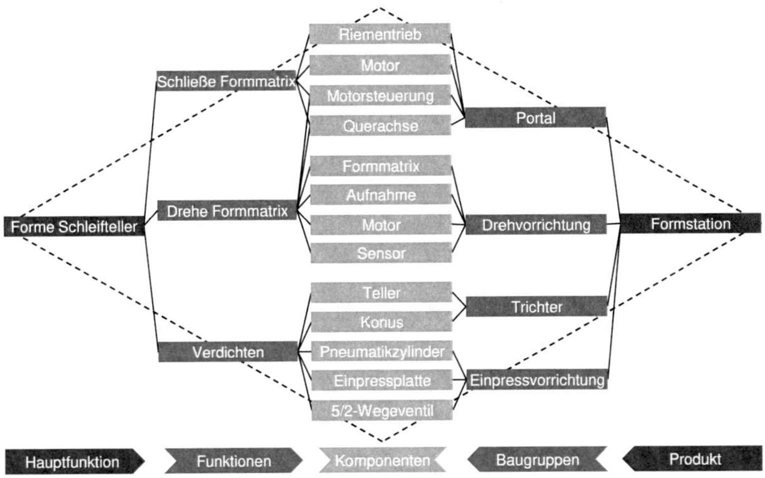

Abbildung 2.24: METUS-Raute, nach [FELD13b; TRET08]
METUS Rhomb acc. to [FELD13b; TRET08]

2.3.3.4 ARCADIA
ARCADIA

ARCADIA, dessen Entwicklungsmethodik bereits in Kapitel 2.2 vorgestellt wurde, ist nach BONNET ET. AL speziell für den Anwendungsbereich des „systems, software, hardware architecture engineering" [BONN17, S. 2] entwickelt worden und ist daher als DSML einzustufen.

Zur Spezifikation des zu entwicklenden technischen Systems stehen dem Modellierenden auf den in Abbildung 2.9 gezeigten fünf Hierarchieebenen über 40 Diagrammtypen für die Modellierung anwendungsspezifischer Systemperspektiven zur Verfügung, die auf zehn Diagrammgrundtypen[24] basieren [ROQU16].

ARCADIA ist sehr stark am Konzept der funktionalen Dekomposition angelehnt. Das zu entwickelnde technische Systemverhalten wird zunächst ausschließlich durch portbasierte Interaktionen abstrakter Systemfunktionen (Funktionale Ketten) konzipiert, die erst in einer anschließenden Phase ausführenden Systemkomponenten zugeordnet werden. Nach einer Komponentenstrukturierung und Zuweisung realer physikalischer Komponenten erfolgt die Detaillierung der ebenfalls portbasierten Interaktionen auf Komponentenebene, die bisher hierhin ausschließlich auf Funktionsebene definiert war.

So kann eine funktionale Interaktion bspw. durch einen Signal- oder Energiefluss der betei-

[24] Operational Architecture, Capabilities, Dataflows, Architecture, Trees, Sequence Diagrams, Modes and States, Classes and Interfaces

ligten Systemkomponenten beschrieben werden, der wiederum mittels eines physikalischen Ports spezifiziert wird. Auf Basis dieser Komponenteninteraktionsstruktur erfolgt abschließend die Implementierungsentscheidung (Wiederverwenden, Neuentwicklung, Zukauf) der Komponenten. [VOIR18; VOIR16; ROQU16]
ARCADIA ermöglicht die Erstellung datenkonsistenter Modelle auf Basis eines Classifier-Instance-Prinzips, wobei jede Diagramminstanz auf die realisierende bzw. spezifizierende Diagramminstanz(en) in den benachbarten Perspektiven referenziert, vgl. rote Pfeile in Abbildung 2.9. Gleichzeitig führen die iterativen Detaillierungen der Funktionalen Ketten und der Komponentenstrukturen zu homomorphen Abbildungen, wodurch ein für das Systemverständnis und die Lesbarkeit zuträglicher Wiedererkennungswert implizit gefördert wird. Der hohe Abstraktionsgrad eines jeden Diagrammtyps und die im zugehörigen Autorenwerkzeug *Capella*™ konsequent integrierte methodische Leitlinie unterstützt zusätzlich die intuitive Erstellung präziser und anwendungsspezifischer Partialmodelle.

Demgegenüber steht der hohe Aufwand in der Einarbeitung, Schulung und Modellerstellung. Gemäß ihrer avionischen und fahrzeugtechnischen Provenienz ist die Methodik darauf ausgelegt, strukturkomplexe und stark standardisierte Serienprodukte zu spezifizieren und die korrekte Umsetzung von KPIs und betriebsrelevanter Anforderungen zu validieren. Dies prägt sich u. a. in hohen formalen Elementabhängigkeiten zwischen den Diagrammen aus, die auf statische, invariante Produktkonfigurationen wie Fahr- und Flugzeuge ausgelegt sind.
Produktionstechnische Systemstrukturen erfahren jedoch hingegen häufig kunden- oder länderspezifische Anpassungen, wie die Integration leistungsvarianter Prozessaggregate, Kunden-MES spezifische Schnittstellenanpassungen oder die Verwendung dedizierter Steuerungshersteller. Dies setzt eine intuitiv verständliche, schlanke und idealerweise modulare Sprachstruktur voraus, die den Austausch vorgefertigter Template-Elemente zur anforderungsorientieren Strukturadaption unterstützt, ohne eine Vielzahl von Diagrammabhängigkeiten zu editieren. Darüber hinaus sind produktionstechnische Aspekte wie Materialflüsse oder dynamische Anlageninteraktionen bzw. -rekonfigurationen in ARCADIA nur unzureichend berücksichtigt.

Abbildung 2.25: Erfüllungsgrad der Bewertungskriterien durch ARCADIA

2.3.3.5 CONSENS

CONSENS

CONSENS[25] wurde am Heinz-Nixdorf-Institut mit dem Ziel begründet, in Abgrenzung zu den eher software-orientierten MBSE-Sprachen, die kooperative Produktentwicklung „maschinenbaulicher Systeme und Anlagen" zu fokussieren [TWO 18]. Die dazu nach GAUSEMEIER ET AL. konzipierten zehn Partialmodelltypen, Abbildung 2.26, wurden mittels der EMOF, vgl. Kapitel 2.3.2, formal definiert. Sie spezifizieren sowohl die Konzeptionierung des Produkts sowie als auch zugehörigen Produktionsmittels. [GAUS12]

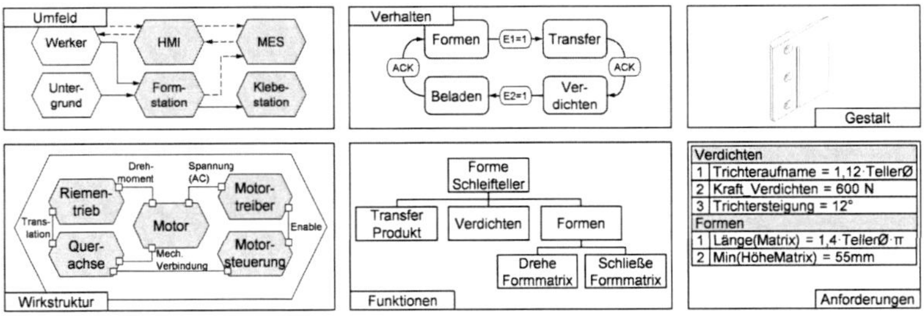

Abbildung 2.26: CONSENS Diagramm-Taxonomie[26], nach [DZIW14; GAUS12]
CONSENS Diagram Taxonomy acc. to [DZIW14; GAUS12]

Beginnend mit der Erarbeitung eines Anwendungsfall- und Umfeldmodells werden anschließend daraus Anforderungen abgeleitet, auf denen die konsekutive Produkt- und Produktionssystementwicklung aufbaut. Diese beginnt, vergleichbar zu ARCADIA, mit einer funktionalen Dekomposition des Produkts in Funktionshierarchien, aus denen eine Wirkstruktur von Komponenten erarbeitet wird, in welcher die Komponenteninteraktionen mittels Energie- und Informationsflüssen definiert werden. Ergänzend dazu bieten Verhaltensdiagrammen, welche eng an Activity und State Machine Diagrams aus SysML angelehnt sind, die Modellierung von Zustandsautomaten und sequentiellen Ablaufmodellen. [DZIW14]

CONSENS bietet somit die Kombination einer zugleich funktional umfangreichen wie intuitiven Sprachspezifikation für produktionstechnische Systeme, welche hierbei sowohl als mechatronisches Produkt, sowie deren Fertigung auf einem Produktionsmittel beschrieben wird.
Zugleich geht jedoch aus der Metamodell-Spezifikation nach DZIWOK ET AL. nicht hervor, wie die Modellelemente verschiedener Partialmodelle untereinander verknüpft werden und, ob die CONSENS-Modelle auf einem konsistenten Datenmodell basieren. Die Spezifikation zeigt zwar am Beispiel der Spracheinheit *Parameter* auf, wie die syntaktische Ableitung aus

[25] CONSENS: Conceptual design Specification technique for the Engineering of complex Systems
[26] Die Diagramme Anwendungsszenarien, Prozesse und Ressourcen sind hier nicht aufgeführt.

dem EMOF Core Model innerhalb eines Partialmodells erfolgt, jedoch fehlt die Vernetzung zu den Sprachelementen der anderen Diagramme auf Metamodell-Ebene. Als Beispiele können hier die unbekannten Beziehungen zwischen den Modellelementen *Funktion* und *Wirkelement* sowie *Wirkelement* und *Zustand* genannt werden. Darauf deuten sowohl die im Package Diagram nach [GAUS12, S. 105] fehlenden Relationen zwischen den Paketen *Functions* und *Structure Core*, als auch konsequente Verwendung ausschließlich prosaartiger Bezeichner der Sprachelemente in allen Beispieldiagrammen hin. Dies erschwert jedoch dem Modellierenden die Erstellung datenkonsistenter Modelle sowie die Etablierung eines durchgängigen ontologischen Typ-Instanz-Konzepts.
Als Abhilfe werden von GAUSEMEIER ET AL. *Traces* (Querverweise) eingeführt [GAUS12, S. 113], die es ermöglichen, eine Referenz von einem *Wirkelement* zu einer *Funktion* zu spezifizieren, jedoch führt dies aufgrund der Trennung von bspw. Wirkelement-, Funktions- und Zustandsdefinition in verschiedene Partialmodelle zu einem erheblichen Modellierungsaufwand.

Darüber hinaus führt die Fusion der Definitionen von Produktstruktur und Komponenteninteraktionen in die Wirkstruktur schnell zu sehr komplexen und damit meist unleserlichen Diagrammen, vgl. [KAIS13, S. A-15]. Dies wird zusätzlich dadurch verstärkt, dass die Syntax der Wirkstruktur nach DZIWOK ET AL. keine differenzierende Typisierung von Ports, bspw. in *elektrisch*, *informationstechnisch* oder *fluidisch*, vorsieht.
Weiterhin ist anzumerken, dass die Formulierung eines Ausführungskontextes von Aktionen in Ablaufsequenzen nicht unterstützt wird.

Abbildung 2.27: Erfüllungsgrad der Bewertungskriterien durch CONSENS

2.3.4 Weitere Spezifikationssprachen

Further Approaches on System Specification

Darüber hinaus existiert eine Vielzahl an Modellierungssprachen, die zwar nicht in eine umfassende Architekturmodellierung eingebettet sind, jedoch gezielt für die Spezifikation von Wirkstrukturen, Maschinenabläufen oder Prozessbeschreibungen entwickelt wurden. Der folgende Abschnitt stellt eine Auswahl von Beschreibungsmitteln vor, die im Kontext der Spezifikation produktionstechnischer Systeme von Interesse sind.

2.3.4.1 Spezifikation von Wirkstrukturen

Specification of Interaction Structures

Bondgraphen

Die Entwicklung von Bondgraphen geht auf PAYNTER Anfang der 1960er Jahre zurück [PAYN60]. Das Ziel ist es, die Wirkprinzipien physikalischer Komponenten auf Basis von energetischen Interaktionen grafisch in einer Mehrpol-Darstellung multidisziplinär zu beschreiben [SAMA06]. *Multiport Elements* repräsentieren dabei die Komponenten (bspw. Energiequellen, -wandler und -senken sowie Übertragungselemente) welche via *Bonds* Energien (oder Nachrichten) austauschen. Die energetische Repräsentation eines (Power) Bonds ist ein 2-Tupel aus *Effort* $e(t)$ und *Flow* $f(t)$, deren mathematisches Produkt stets eine Energie ist [SAMA08].

$$P(t)_{Bond} = e(t) \cdot f(t)$$

Tabelle 2.2: Übersicht von Power Bond Typen, nach [SAMA08]
Overview of Power Bond Types acc. to [SAMA08]

Domäne	**Effort** $e(t)$	**Flow** $f(t)$
Elektrisch	Spannung $u\ [V]$	Strom $i\ [A]$
Mechanische Rotation	Drehmoment $M\ [Nm]$	Winkelgeschwindigkeit $\omega\ [\frac{1}{s}]$
Mechanische Translation	Kraft $F\ [N]$	Geschwindigkeit $v\ [\frac{m}{s}]$
Hydraulik	Druck $p\ [Pa = \frac{N}{m^2}]$	Volumenfluss $\dot{V}\ [\frac{m^3}{s}]$
Thermodynamik	Temperatur $T\ [K]$	Entropiefluss $S\ [\frac{W}{K}]$

Abbildung 2.28 zeigt die energetischen Komponenteninteraktionen eines Linearantriebs.

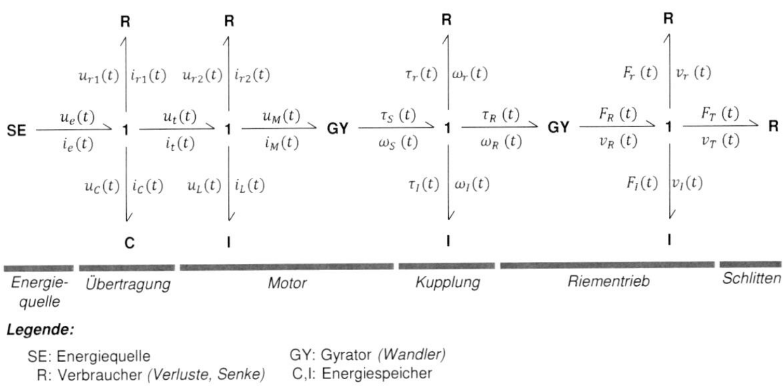

Abbildung 2.28: Exemplarischer Bondgraph eines Riementriebs
Exemplary Bond Graph of a Belt Drive

Skizzen-Port-Modell

Im Rahmen des ZIM[27] geförderten FAS4M[28]-Projekts, wurde die MechML als SysML-Profil erarbeitet, welche zusätzliche Modellierungsfeatures für die kreative Ausgestaltung mechanischer Komponenten in der frühen Entwicklungsphase bereitstellt [MOES16]. Das Ziel ist es, die Brücke zwischen der geometriezentrierten mechanischen Domäne und der abstrakten Systemmodellierung zu schlagen. Hierzu führt GRUNDEL Multi-Port-Modelle und eine Skizziermethodik ein, die direkt in einem IBD-Block der SysML integriert werden können [GRUN17].

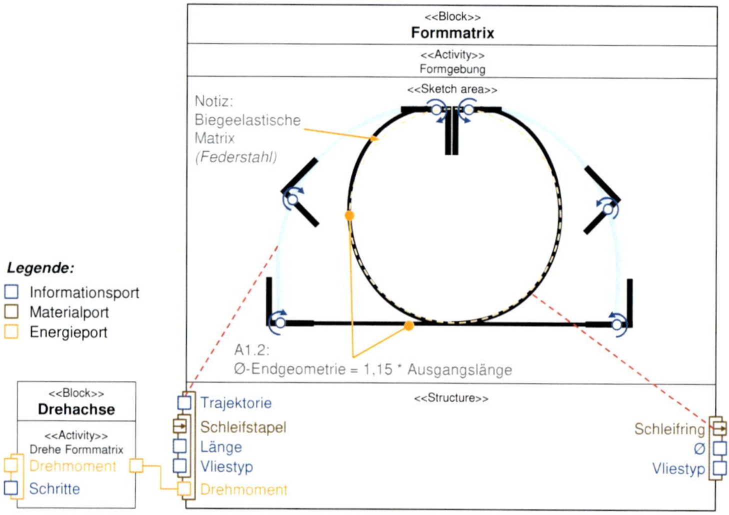

Abbildung 2.29: Skizzen-Port-Modell einer Formmatrix für Entgratschleifteller
Sketch-Port Model of a Shape Matrix for Grinding Discs

Abbildung 2.29 zeigt den Einsatz eines Skizzen-Port-Modells für die „geometrische Gestaltsynthese" [GRUN17, S. 107] einer Schleifring-Formmatrix. Neben einer zusätzlichen Abstraktionsebene zur Design-Dokumentation können so geometrische Informationen direkt innerhalb eines IBD verwendet und via eines lediglich grafischen Tracelinks (rote Linien) mit dem Systemmodell zur verbesserten Verständlichkeit verbunden werden.

[27]ZIM: Zentrales Innovationsprogramm Mittelstand

[28]FAS4M: Functional Architectures of Systems for Mechanical Engineers

MontiArc

Die an der RWTH Aachen entwickelte ADL *MontiArc*[29] stellt ein Framework zur lösungsneutralen Spezifikation von verteilten, interaktiven technischen Systemen (CPS) bereit [HABE16; HABE12]. Das objektorientierte Sprachformat ermöglicht es dem Modellierenden, im Gegensatz zu den vorangegangen grafischen ADL-Ansätzen, textuelle Systemmodelle zu formulieren, deren formaler Aufbau einer Klassenstruktur gleicht, Abbildung 2.30. Im Fokus steht dabei die Modellierung informationstechnischer Interaktionen von (verteilten) Komponenten.
Als Basiselemente stehen typisierbare *Components* sowie *Component Interfaces* und *Connectors* zur Architekturdefinition zur Verfügung. Die Komponenteninteraktionen (*Connectors*) können anschließend mittels *Timing Constraints*, *Security-Attributes* und *OCL*[30]-Constraints (bspw. Pre- und Postconditions) detailliert werden. BUTTING ET AL. führt zudem die Definition Komponentenzustände und erlaubte Zustandstransitionen als Verhaltensspezifikation ein. [BUTT17; HABE16]

```
component Steuerung {
    autoconnect port;
    port in Double trajektorie;
    port out String zustand;
    port group PortalDaten
        out Double sollwert, in Double position;
    port group FormmatrixDaten
        out Double sollwert, in Double position;
    port group Verdicher.Daten
        out Boolean Trigger, in Boolean position;

    connect PortalDaten -> Portal. Interface;
    connect FormmatrixDaten -> Formmatrix.Interface;
    connect VerdichterDaten ->Verdichter.Interface;

    behavior automaton {
        state busy, idle, error;
        inital idle;
        //Erlaubte Zustandstransitionen
        idle -> busy; busy-> idle;
        error-> idle; busy->error; idle->error;
}
```

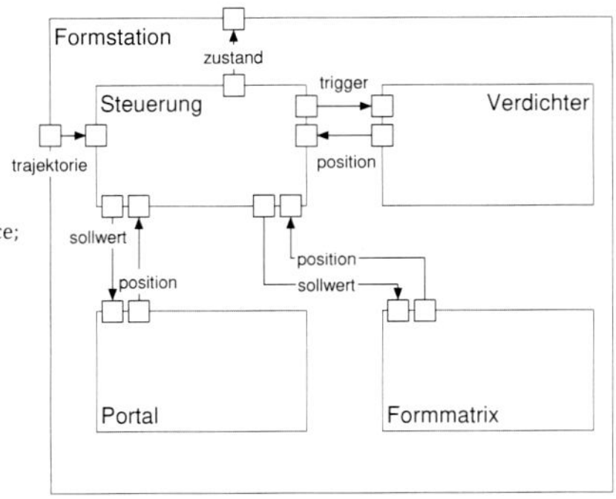

Abbildung 2.30: Textuelle und grafische Darstellung eines MontiArc-Modells einer Anlagensteuerung
Textual and Graphical Representation of a MontiArc Model for a System Control

Das integrierte Simulation Framework von MontiArc ermöglicht zudem die event-basierte Simulation und Test von Systemmodellen zur kontinuierlichen Validierung und Verfeinerung derselben. Zusätzlich können zur besseren Veranschaulichung grafische Darstellung automatisiert aus dem textuellen Modell generiert werden [HABE16; HABE12].

[29] MontiArc: Architectural Modeling of Interactive Distributed and Cyber-Physical Systems
[30] OCL: Object Constraint Language

2.3.4.2 Produktarchitekturen

Product Architectures

Function-Means Tree

Function-Means Trees (F/M Tree) dienen zur konzeptionellen Erarbeitung (Concept Design) funktionsorientierter Systemstrukturen. Eine entscheidende Weiterentwicklung gegenüber der konventionellen funktionalen Dekomposition ist die direkte Integration kausaler Abhängigkeiten zwischen Funktionen und einer gegenständlichen Modulmenge (Means) als realisierendes Lösungskonzept, wie sie bereits von HUBKA UND EDER sowie FELDHUSEN UND GROTE („Funktionsträger") definiert wurde [FELD13b; HUBK88].
BRACEWELL beschreibt dieses Paradigma als „strict alternation between function and means nodes in successive levels of the hierarchy", wobei parallele Functions als Subfunktionen einer Means-Menge stets in einer UND-Beziehung stehen, während parallele Means wiederum in einer ODER-Beziehung alternative Lösungen darstellen [BRAC02, S. 201]. Diese Strukturierung vereint somit die Definition von Konzeptvarianten mit einer funktionsorientierten Systemarchitektur und ermöglicht die Formulierung der funktionalen Rolle von Komponenten (funktionaler Kontext).

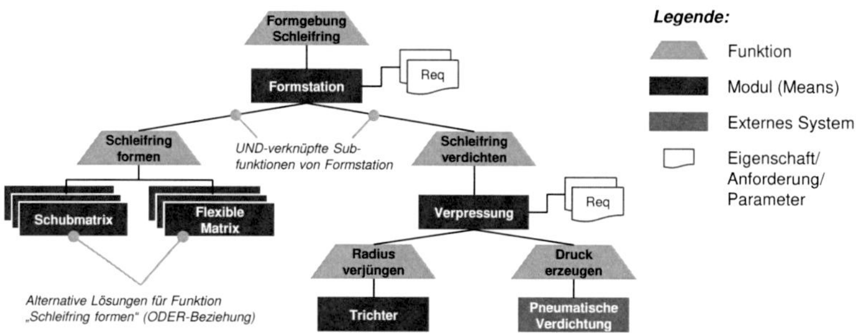

Abbildung 2.31: Function-Means Tree der Formfunktion einer Schleiftellerproduktion
Function-Means Tree of the Shaping Technology for Grinding Disc Production

Ferner können Means und Functions mit Anforderungen und detaillierenden Eigenschafts- bzw. Parameterlisten verknüpft werden, wobei Anforderungen eines Elternelement auf alle Kindelemente anzuwenden sind (Vererbende Hierarchien). [ROBO02]

2.3.4.3 Ablauforientierte Prozessbeschreibungen

Procedural Sequence Descriptions

NodeRed

NodeRed stellt ein Framework zur grafischen Programmierung *datenflussorientierter* Abläufe (engl. Flow-based Programming, nach MORRISON) für Internet of Things (IoT) Applikationen auf Embedded Devices oder Cloud-Services bereit [OLEA18].

Die Prozessbeschreibung besteht aus einer sequentiellen Abfolge von Aktionen, die durch einen event-getriggerten Datenstrom, bspw. ein Tastendruck oder ein HTTP-Request, initiiert werden. Jede in der Folge spezifizierte Aktion nimmt den Datenstrom zunächst zur Verarbeitung (parametrisierter API[31]-Call, Filterung) oder Manipulation (Erweiterung oder Editierung eines Datenfelds) auf und propagiert diesen nach Aktionsabschluss an die nachfolgenden Aktionen weiter. Jede Aktion ist dabei direkt einer ausführenden Entität (Datenbank, Embedded Controller, Webservice oder HMI) zugeordnet. [BART18]

Ablaufsprache

DIN EN 61131-3 spezifiziert im Gegensatz dazu eine grafische und textuelle Syntax (Ablaufsprache) für die Spezifikation[32] *zustandsorientierter* Ablaufprogramme für Speicherprogrammierbare Steuerungen (SPS) [DIN 14], Abbildung 2.32.

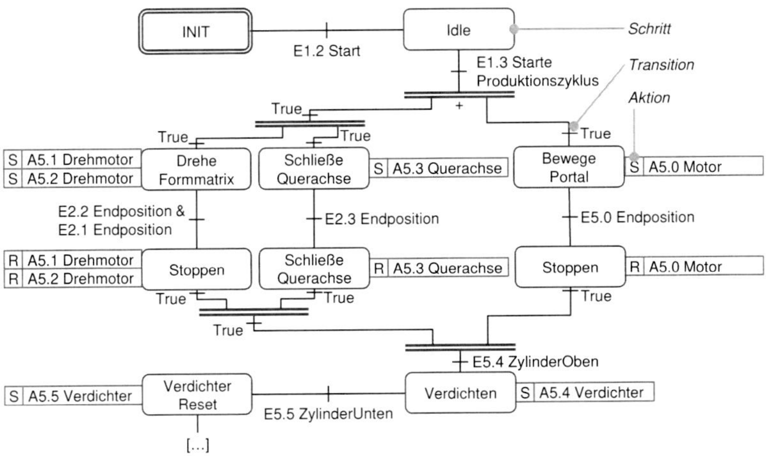

Abbildung 2.32: Ausschnitt einer Prozessbeschreibung mittels Ablaufsprache einer Entgratschleifteller-Produktionssequenz
Process Description Extract in Sequence Language of a Grinding Disc Production Sequence

[31] API: Application Programming Interface

[32] DIN EN 61131-3 beschreibt eine implementierungsneutrale Syntax für eine Programmiersprache

Die Prozesssequenz wird durch eine Abfolge von Schritten (Zustände), konditionaler Transitionen und Aktionen beschrieben, die ebenfalls komplexere Kontrollstrukturen wie Synchronisierungen oder konditionale Verzweigungen erlaubt. Ein eingehender Aktivitätstoken initiiert dabei die zyklische Ausführung eines Schrittes und seiner zugehörigen Aktionen, bis eine der abgehenden Transitionsbedingung wahr wird und der Aktivitätstoken zum nächsten Schritt übergeht. Die zustandsorientierte Ausführung bedingt dabei die kontinuierliche Validierung dieser Bedingungen.
Die ähnlich anmutenden, jedoch deutlich umfangreicheren Aktivitätsdiagramme der SysML und Business Process Model and Notation (BPMN) erweitern diese Notationsform um Objektflüsse, Action-Parameter, sowie ressourcendifferenzierende Aktivitätsbereiche (Swimlanes), bspw. für verteilte Steuerungen [OMG17; ALLW15].

2.4 Fazit zum Stand der Technik und Forschung

Conclusion on the State of the Art and Research

Die Analyse der für diese Arbeit relevanten ADLs zeigt auf, dass mehrere Sprachformate geeignete Ansätze und Partialmodelle für den PEP produktionstechnischer Systeme enthalten. Gleichzeitig zeigen die Analyseergebnisse, dass die Erstellung, Lesbarkeit und Wartung der Modelle mit einem hohen Aufwand verbunden ist, welcher sich u. a. durch ihre evolutionsbedingte starke softwaretechnische Prägung begründet. Darüber hinaus existieren in Bezug auf die Anwendung für produktionstechnische Systeme – insbesondere in Bezug auf die Architektur und Verhaltensmodelle – Entwicklungspotentiale, die zu einer höheren Produktivität und Akzeptanz (insbesondere bei Nicht-Softwarespezialisten) führen kann.
Trotz der häufig betonten Notwendigkeit abstrakter Systemmodelle ist festzustellen, dass bisher kein MBSE-Sprachformat, SysML als etablierter Standard eingeschlossen, sich in der Domäne des Maschinen- und Anlagenbaus in der Breite durchgesetzt hat [ROQU16; MUNK16; BREC16c].

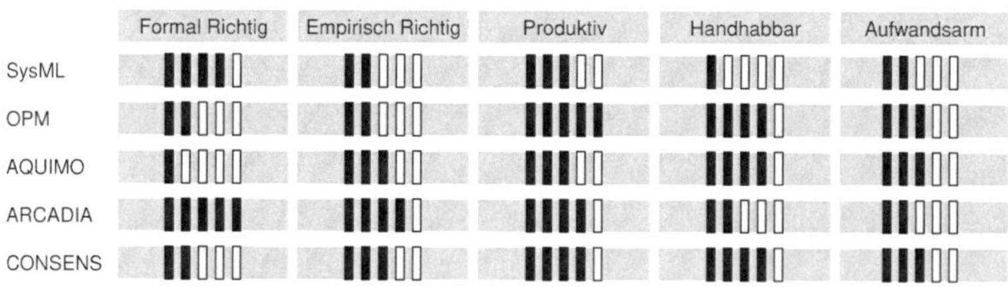

Abbildung 2.33: Bewertung von ADL für die interdisziplinäre Spezifikation im PEP produktionstechnischer Systeme
Evaluation of ADL for the interdisciplinary Specification in the PDP of Production Systems

Die folgenden Gründe können aus der Analyse abgeleitet werden:

Defizit 2.1. ***Intuitivität***
Die intuitive Erstellung formaler Modelle ist häufig ein Widerspruch.
Die Kombination der Faktoren *Empirisch Richtig* und *Handhabbar* ist ein guter Indikator für den kognitiven Modellierungsaufwand und die Lesbarkeit eines Modells. Die Auswertung zeigt jedoch auf, dass dabei insbesondere solche Sprachen gut abschneiden, deren Faktor *Formal Richtig* eher niedrig zu bewerten ist. Gleichzeitig ist die Formalität eines Modells für eine effiziente Wieder- und Weiterverwendung – insbesondere für größer skalierte Projekte mit mehreren Teilnehmern oder einer Modulbauweise – von hoher Bedeutung.

Defizit 2.2. ***Syntax und Sprachumfang***
MBSE-Sprachen sind zu komplex und häufig semantisch uneindeutig
Die PEP-Phase des interdisziplinären Systementwurfs erfordert die Definition einer domänenübergreifenden Systemarchitektur und aller relevanten Schnittstellen und Attribute (Grobentwurf), die zur Synchronisierung der nachgelagerten domänenspezifischen Arbeiten dient (Feinentwurf), vgl. Kapitel 2.2. Dennoch tendieren gerade GPML-Sprachen zu einer Überladung der syntaktischen Elemente um möglichst jeden Einzelfall abdecken zu können [WEIL17; VAN 17; STEI14]. Dies kann entweder zu zeitintensiven Modellerstellungen oder einer fehlerhaften, weil vorschnellen Nutzung von Modellelementen, führen.

Produktionstechnische Systeme werden jedoch in der Breite von kleinen, mittelständischen Unternehmen konstruiert, deren Kostenstrukturen häufig nicht den Aufbau spezialisierter MBSE-Abteilungen erlauben; die Formalisierung der Systemarchitekturen soll vornehmlich durch das Engineering-Stammpersonal vorgenommen werden. Dies steht jedoch in einem klaren Widerspruch zu komplexen Sprachsyntaxen und Diagrammtaxonomien wie SysML oder ARCADIA, die mit einem sehr hohen Einarbeitungs- und Abstimmungssaufwand verbunden sind. Zudem sind in produktionstechnischen Projekten häufig kunden- oder länderspezifische Systemänderungen auf Basis von lösungsneutralen Funktionsbeschreibungen erforderlich, die als schnelle lokale Anpassungen ohne zwingende Änderung der übergeordneten Systemarchitektur umgesetzt werden sollen. Syntaxen mit einem hohen Abstraktionsgrad und stark dezentralisierten Systemperspektiven können dies jedoch nur mit einem hohen Aufwand bewältigen. Fokussierte und reduzierte DSML-Sprachspezifikationen sind daher hier im Vorteil, Abbildung 2.33.

Defizit 2.3. ***Anlagenfunktion als Modellbegriff***
Uneindeutige Beschreibung der Umsetzung von Anlagenfunktionen durch Maschinenarchitekturen
Das verständnis- und kreativitätsfördernde Potential des Begriffs der *Anlagenfunktion* als *semantischer Vermittler* zwischen den verschiedenen Fachdomänen, vgl. Kapitel 2.2, wird bisher unzureichend umgesetzt. So existieren zwar in nahezu jeder Sprache Strukturen zur Spezifikation einer Funktionshierarchie (Funktionale Dekomposition), jedoch fehlen präzise und intuitive Beschreibungstechniken (1) *wie* und durch *welche* Komponenten die Funktionen implementiert und (2) *welche* Funktionen von Komponenten bereitgestellt werden.
Darüber hinaus basieren mehrere Sprachspezifikationen auf der initialen Definition einer

Komponentenstruktur, deren stark mechanisch-geprägter Aufbau jedoch im Kontrast zu Perspektiven anderer Domänen stehen können.

Defizit 2.4. *Modellierungsflexibilität vs. Formale Eindeutigkeit*
Die meisten Sprachen basieren im Sinne eines formalen Modells auf objektorientierten Prinzipien. Dennoch ist es dem Modellierenden möglich, Komponentendefinitionen in verschiedenen Diagrammen vorzunehmen, die nicht zwingend zueinander synchronisiert werden. Nachträgliche Änderungen an Modellelementen können aufgrund einer fehlenden zentralen Definition zu inkonsistenten Modellen führen. Begleitende Entwicklungsmethoden sollen dies verhindern, indem sie eindeutige Modellierungsstrategien und -abläufe vorgeben; dies setzt jedoch intensiv geschulte Mitarbeiter voraus.

3 Handlungsbedarf und Zielsetzung

Task and Objectives

3.1 Handlungsbedarf für die interdisziplinäre Spezifikation produktionstechnischer Systeme

Need for Action for the Interdisciplinary Specification of Production Systems

Das in Kapitel 1 einleitend beschriebene Spannungsfeld des PEP produktionstechnischer Systeme zeigt auf, dass steigende Produktanforderungen hinsichtlich der integrierten Funktionsdichte, der Produkt-/Prozessqualität, sowie der verkürzten Produktlebenszyklen heute wesentliche Komplexitäts- und Kostentreiber darstellen [GEPP17; ABRA16; KOLL16; GAUS13]. Anwender, Forschungseinrichtungen und Hersteller von Engineering-Frameworks haben diesen Trend erkannt und betreiben daher Initiativen zur Adaptierung und Integration von MBSE-Methoden [LÖCK18; BITK15; INCO14], vgl. Kapitel 2.3.

Ein wichtiger Schritt stellt die zunehmend etablierte Nutzung modellbasierter Spezifikationsmethoden in der domänenspezifischen Phase des PEP dar (bspw. UML-Klassendiagramme, Verhaltensbeschreibungen, multiphysikalische Wirkstrukturen, geometrische CAD-Modelle). Allerdings existieren diese Partialmodelle bisher i. d. R. als singuläre Beschreibungen ohne gegenseitige Referenzen. Eine domänen*übergreifende* Spezifikation der Maschinenarchitektur hat sich in der produktionstechnischen Domäne bisher nicht in der Breite etabliert [BREC16c; HABE16; MUNK16; GÖLZ15]. Wesentliche Hinderungsgründe stellen hierbei die in Kapitel 2.4 analysierten Defizite heutiger Spezifikationsmethoden dar.

Die Nutzung dezentraler Partialmodelle erschwert jedoch – auch aufgrund der fehlenden Datendurchgängigkeit[1] der Entwicklungswerkzeuge – im Falle nachträglicher Anpassungen die Synchronisierung derselben, sowie die Identifizierung betroffener Funktionsstränge und Wirkstrukturen (potentiell anderer Fachdisziplinen). Darüber hinaus sind ggf. aufwändige Modelltransformationen erforderlich, um spezifische Modelle einer anderen Domäne bereitzustellen.

Eine zusätzliche Herausforderung stellen die komplexen Strukturen produktionstechnischer Systeme dar, vgl. Kapitel 2.1.2. Deren funktionale Leistungssteigerung basiert zunehmend

[1] Fehlende Datendurchgängigkeiten in der Entwicklungskette werden häufig als *Medienbrüche* bezeichnet.

auf funktionsübergreifenden, interaktiven Wirkprinzipien von Komponentenstrukturen, vgl. CPPS, die in technisch wie funktional komplexen interdisziplinären Abhängigkeiten resultieren. Die disziplinübergreifende Abstimmung und Validierung derselben erfolgt jedoch häufig in zeitintensiven und meist reibungsverlustbehafteten Querkommunikationen und dem Austausch unsynchronisierter, informaler Dokumente, die dezentral in unterschiedlichen Versionen abgelegt werden. [FLEN19; FOEH17; CADE17a; GEIS16]

Darüber hinaus kann ein variantenreiches Produktspektrum und kundenspezifische Anpassungen in verschiedenen Realisierungsformen einer einzelnen Maschinenfunktion resultieren, welche wiederum divergente Kompatibilitäten zu anderen Maschinenfunktionen aufweist. Ohne eine formale Dokumentation fördert dies nicht-wirtschaftliche Neuentwicklungen. Heterogene und nicht-standardisierte Semantiken, die durch fehlende ontologische Metamodelle begünstigt werden (vgl. Synonyme: Motor, Antrieb, Drive), verstärken diesen Effekt zusätzlich, da die Wiederverwendung von Entwicklungsergebnissen erschwert wird.

Maschinen- und Anlagenbauer begegnen diesen Problemen aktuell insbesondere durch die Erfahrung und das Wissen der Mitarbeiter sowie der o. g. zeitintensiven und verlustbehafteten Kommunikationsprozesse. Im Zuge der demografischen Entwicklung und der damit verbundenen Notwendigkeit eines nachhaltigen Wissensmanagements des Engineering Know-How, sowie der stetig steigenden Produktkomplexität bei gleichzeitig erhöhten Effizienzansprüchen, sind jedoch zusätzliche Unterstützungen für den Systementwurf erforderlich.

Gleichzeitig ist zu berücksichtigen, dass der Maschinen- und Anlagenbau historisch bedingt stark maschinenbaulich geprägt ist, was sich u. a. in den Headcounts der Abteilungen und dem zumeist ingenieurstechnischen Background von Entscheidungsträgern widerspiegelt. Im klassischen PEP fällt i. d. R. der mechanischen Konstruktion die initiale Rolle zu, die grundlegenden Systemstrukturen und -eigenschaften festzulegen und auszuarbeiten, auf die sich die anderen Disziplinen später aufsynchronisieren. Die ausbleibende Durchsetzung formaler Spezifikationssprachen ist daher auch mit der Diskrepanz zwischen der branchenspezifisch-dominanten Rolle des Maschinenbaus und der zugleich stark informatik-geprägten Spezifikationssprachen verbunden.

Mit dem Ziel den genannten Herausforderungen der interdisziplinären Spezifikation produktionstechnischer Systeme zu begegnen werden die folgenden Forschungsfragen definiert:

Forschungsfrage 3.1. *Wie muss eine modellbasierte Spezifikationssprache für die interdisziplinäre Entwicklung produktionstechnischer Systeme beschaffen sein, um die entwicklungsbegleitende Modellierung und Detaillierung eines domänenübergreifenden Architekturmodells im Hinblick auf den kreativen, anforderungsorientierten Lösungsfindungsprozess zu unterstützen?*

Forschungsfrage 3.2. *Wie können die im Architekturmodell spezifizierten Entwurfsentscheidungen in assoziierte domänenspezifische Modelle übertragen und auch bei nachträglichen Änderungen mit diesem synchronisiert werden?*

3.2 Zielsetzung und Vorgehensweise

Objectives and Approach

Vor dem Hintergrund der identifizierten Herausforderungen und Defizite bestehender Methoden setzt sich diese Arbeit zum Ziel, eine modellbasierte Spezifikationssprache für produktionstechnische Systeme zu entwickeln, welche die interdisziplinäre Modellierung und Detaillierung eines zentralen Architekturmodells innerhalb des Systementwurfs ermöglicht (Grobentwurf).
Das Architekturmodell soll alle interdisziplinär relevanten Designentscheidungen aggregieren und als zentrale, domänenneutrale Spezifikation zum einen die Vernetzung und Synchronisierung referenzierter Partialmodelle[2] benachbarter Entwicklungsphasen ermöglichen und zum anderen das erarbeitete Systemverständnis der kollaborativen Lösungsentwicklung dokumentieren. Um eine Weiterverwendung des Modells in der domänenspezifischen Phase (Feinentwurf) zu ermöglichen, sollen mittels Modelltransformationen Entwurfsentscheidungen in die jeweiligen Partialmodelle integriert werden, Abbildung 3.1.

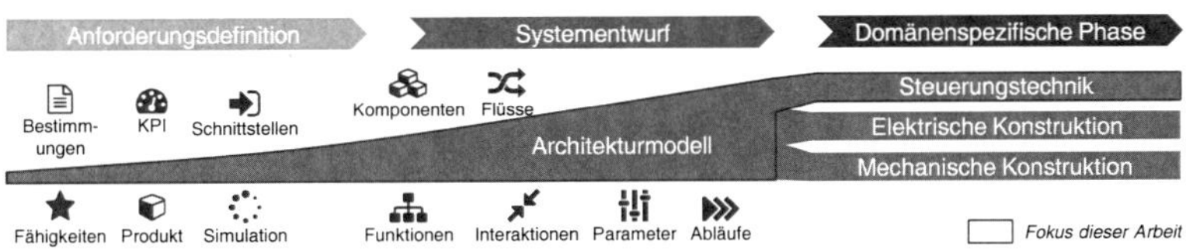

Abbildung 3.1: Fokussierter Anwendungsbereich der zu entwickelnden Spezifikationssprache
Focused Area of Application of the to be developed Specification Language

Der Anwendungsfokus umfasst daher die initiale **Definition von Stakeholderanforderungen**, die **Detaillierung einer lösungsneutralen Systemarchitektur** und abschließend die **Wissensextraktion von Designentscheidungen in der domänenspezifischen Phase am Beispiel der Automatisierungstechnik**.

Das zentrale Modellierungsparadigma soll auf einem **Funktionalen Ansatz** basieren, dessen Grundprinzip die iterative Ableitung funktionaler Strukturen und Komponentenschnittstellen zur Realisierung von Anlagenfähigkeiten ermöglicht. Die daraus folgende domänen-

[2] Anforderungsphase: *Pflichtenheft, User-Story*; Domänenspezifische Phase: *Ablauforientierte Verhaltensmodelle, Schaltpläne, Baugruppenstrukturen*

übergreifende Formulierung einer fähigkeitsorientierten Architektur soll somit, im Sinne des *Capability-based Design* und der Bedeutung des Funktionsbegriffs aus Kapitel 2.2, die anforderungsorientierte Spezifikation von *Funktionssträngen* etablieren, deren Ausgestaltung und Implementierung alle beteiligten Fachdisziplinen zusammenführt.
Eindeutige Modellierungsrichtlinien und eine auf relevante interdisziplinäre Schnittstellendaten reduzierte Syntax sollen zudem eine domänenübergreifend verständliche Notationsform und die intuitive Erstellung einheitlicher Systemmodelle ermöglichen.

Die Spezifikationssprache soll abschließend in eine datendurchgängige Entwicklungsumgebung zwecks einer Validierung an einem praxisorientierten Beispiel eingebettet werden, wobei das Konzept die zukünftige Integration der folgenden Funktionalitäten berücksichtigen soll:

- Frühzeitige simulationsgestütze Validierung des Systementwurfs sowie der Qualitäts- und Leistungsparameter [BREC13a; BREC13b], vgl. Digitaler Zwilling [BOSC16]
- Rückverfolgbarkeit der Anforderungserfüllung im Rahmen der Haftung [LÖCK18]
- Wiederverwendung durch modulbasierte Kompatibilitätsprüfungen [HERB17; KARL16]

Vorgehensweise
Basierend auf diesem Zielbild und dem Stand der Technik und Forschung aus Kapitel 2, werden in Kapitel 4 zunächst alle relevanten Anforderungen aus dem Entwicklungsprozess produktionstechnischer Systeme abgeleitet. Anschließend erfolgt in Kapitel 5 die Konzipierung der Sprachstruktur und syntaktischer Modellierungselemente als Metamodellspezifikation einer grafischen ADL für den modellbasierten Systementwurf. Die Sprachgestaltung wird sich dabei eng an initial abgeleiteten Anforderungen der produktionstechnischen Domäne sowie disziplinübergreifender Formate orientieren. Die methodische Integration der Sprache in den PEP sowie angepasster Modellierungsunterstützungen erfolgt in Kapitel 6.

Der entwickelte Spezifikationsansatz wird in Kapitel 7 in einen softwarebasierten Demonstrator (Datendurchgängige Entwicklungsumgebung) überführt und am praktischen Beispiel der Entwicklung einer automatisierten Schleiftellerproduktion validiert.
Abschließend werden die Analyseergebnisse in Kapitel 8 diskutiert und im Hinblick auf die Produktivität und Handhabbarkeit kritisch bewertet, aus denen zukünftige Handlungsempfehlungen in einem finalen Fazit abgeleitet werden.

4 Anforderungen an eine Spezifikationssprache

Requirements towards a Specification Language

Ausgehend von den in Kapitel 2 abgeleiteten Defiziten bestehender MBSE-Methoden in der produktionstechnischen Domäne sollen im Folgenden speziell aus dem Entwicklungsprozess produktionstechnischer Systeme Anforderungen hergeleitet werden. Sie stellen daher eine anwendungsspezifische Ergänzung zu den grundlegenden Eigenschaften von MBSE-Sprachen dar, vgl. Kapitel 2.3.
Die Anforderungsanalyse greift dabei auf den aktuell weitverbreiteten dokumentenbasierten Entwicklungsprozess zurück, um die typischen Arbeitsweisen, den Informationsaustausch zwischen den beteiligten Disziplinen und die gängigen Dokumentations- sowie Kommunikationsformen für die folgende Sprachkonzeptionierung in Kapitel 5 zu erfassen.

Abstraktionsebenen produktionstechnischer Systeme

Abstraction Levels of Production Systems

Üblicherweise erfolgt die Konzeptionierung und Implementierung eines technischen Systementwurfs durch die Kooperation der Disziplinen Mechanik, Elektrik, Steuerungstechnik, Prozesstechnik und Logistik. Aufgrund divergenter fachlicher Rollen in der technischen Implementierung unterscheidet sich nach REUTER jedoch deren Strukturierung und damit das Systemverständnis des zu entwickelnden Produkts, Abbildung 4.1. Dies gilt gleichermaßen für die initial vorbereitend arbeitenden Domänen des technischen Vertriebs (Stakeholderanforderungen) und der Vorentwicklung bzw. Simulation und Test (Machbarkeitsstudien).

Die stark an der räumlich-topologischen Konfiguration von Baugruppen und -teilen orientierte mechanische Systemperspektive steht dabei im Kontrast zu den übrigen Fachdisziplinen. Aufgrund der historisch bedingten initialen und damit führenden Rolle der mechanischen Disziplin im PEP des Maschinen- und Anlagenbaus ist die baugruppenorientierte Systemperspektive in PDM-Systemen, als Vorläufer heutiger PLM-Systeme, als grundlegende Datenstruktur übernommen worden [LASH13]. Da Partialmodelle anderer Fachdisziplinen jedoch einen anderen strukturellen Aufbau verfolgen, behindert dies nach GERHARD die Integration der Modelle in PLM-Systeme [GERH17] – ein wesentlicher Grund für die in Kapitel 3.1 thematisierten Medienbrüche.

Disziplin	Perspektive	Strukturelemente	Strukturkriterien	Partialmodelle
Technischer Vertrieb	Merkmalsorientiert	Anforderungen, User Story	Anlagenfähigkeit, Qualitätsparameter, KPI	Last- und Pflichtenheft, 100%-Konfigurationslisten
Mechanik	Baugruppenorientiert	Komponente Modul Baugruppe	Konstruktion, Freiheitsgrad, Dynamische Eigenschaften	Teilelisten, Geometrische Zeichnungen, Aufbauplan
Elektrik	Komponentenorientiert	Sensor, Aktor, Infrastruktur	IO-Nummer, Potentialebene, Montageort, Leistungsklasse	Schaltplan, Anschlussplan, Kabelverlaufsplan
Informationstechnik	Signal- und Schnittsttellenorientiert	HW: Server, Endgeräte SW: Applikationen, Datenschnittstellen	Kommunikationsstrukturen, Applikationshierarchien, Teilnehmerinteraktion	Netzwerkdiagramm, Schnittstellenbeschreibung
Steuerungstechnik	Signal- und Ablauforientiert	Funktionsblock, Funktionseinheit, IO-Modul, Steuerung	IO-Nummer, Automatisierungslevel, Schnittstellen	Ablauf- und Datenflussplan, Schnittstellenbeschreibung,
Prozesstechnik	Flussorientiert (Fluidische Medien)	Sensor, Aktor, Medien	Prozessuale Kennwerte	Fluidplan, Schaltplan
Logistik	Flussorientiert (Materialien)	Transporteinheit, Transportobjekt, Bearbeitungsstation	Lagerplatz, Zykluszeit, Standort	Materialflussplan, Ablaufplan
Vorentwicklung / Simulation & Test	Funktionsorientiert	Module, Ablaufbeschreibungen, Szenarien	Funktionseinheiten	Test Cases, FMEA

Abbildung 4.1: Fachspezifische Strukturkriterien und Systemperspektiven, nach [REUT10]
Domain Specific Structural Criteria and System Perspectives acc. to [REUT10]

Einen analogen Sachverhalt zeigen die im PEP etablierten Austauschdokumente EBOM[1] und BOM[2] auf, welche i. d. R. durch PLM-Systeme verwaltet werden. So sind BOM-Modelle direkt kompatibel mit mechanischen Partialmodellen (bspw. Komponentenstrukturen), jedoch addressieren diese keine Anlagenfähigkeiten, Wirkstrukturen oder Verhaltensbeschreibungen. Daraus resultiert auch die problematische Umwandlung der komponentenorientierten BOM in die, zumeist in einem ERP-System verwalteten, prozess- und ablauforientierten MBOM[3].

Gerhard fordert daher die Entwicklung von Architekturmodellen „that go beyond [the] centrality of the traditional [BOM] concept coming predominantly from mechanical engineering focus“ [GERH17, S. 108]. Dies erfordert nach ISO 15288 explizit die erweiterte Berücksichtigung verhaltens- und wirkungsorientierter Systemperspektiven, um die Integration der übrigen Fachdisziplinen aus Abbildung 4.1 zu erreichen [ISO 15b].

Anforderung 4.1. Die Etablierung *einer* übergreifenden Architektur ist erforderlich, um die Ableitung domänenspezifischer Partialmodelle zu ermöglichen, deren Referenzen wieder-

[1] Engineering BOM: Stellt eine „*as-designed*“ Produktarchitektur dar, welche alle relevanten Teileinformationen und Entwicklungsdokumente enthält [GERH16]

[2] Bill of Materials: „[Die Stückliste] beinhaltet die strukturierte Anordnung von Werkstoffen, Teilen oder Baugruppen, [...] die zur Herstellung eines Produktes benötigt werden.“ [LASH13, S. 452]

[3] Manufacturing BOM: Beschreibt die Prozess- und Montageabfolgen zur Produktion des Produkts durch die Referenzierung von Basisprozessdefinitionen der Bill of Process (BOP)

um auf dieselben zentralen Modellelemente verweisen. Dies stellt eine grundlegende Voraussetzung für ein nachhaltiges Wissensmanagement dar.

Eigenschaften verschiedener Partialmodelle

Properties of different Partial Models

Vorbereitend für die Konzipierung einer übergreifenden Systemarchitektur werden im Folgenden die grundlegenden Eigenschaften der o. g. Partialmodelltypen betrachtet, die heute häufig als gängige und zweckdienliche Austauschdokumente im PEP genutzt werden.

Die in Abbildung 4.1 benannten Systemperspektiven lassen sich nach INCOSE und ISO 15288 klassifizieren und in die Gruppen I (*Bilder und Virtuelle Mock-Ups*), II (*Textuelle und Geometrische Modelle*) und III (*Logische und Quantitative Modelle*) einteilen [INCO15; ISO 15b], Abbildung 4.2.

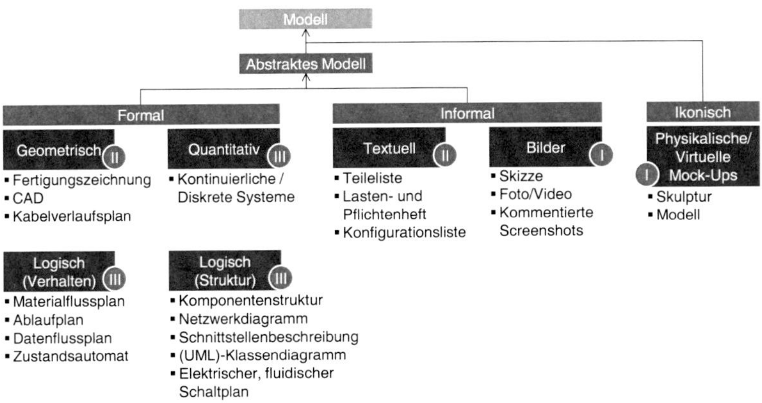

Abbildung 4.2: Klassifikation domänenspezifischer Modelle produktionstechnischer Systeme, nach [INCO15]
Classification of domain-specific Models for Production Systems acc. to [INCO15]

Gruppe I: *Bilder & (Virtuelle) Mock-Ups*

Informal[4]-bildliche und (virtuell-)ikonische 2D-, 3D-Skizzen und Abbildungen werden in Be-

[4] Formale Modelle charakterisieren sich nach KLEUKER durch *exakte, präzise* und *standardisierte* grafische oder operanden-orientierte Notationen von Modellelementen und -relationen, aus denen sich logisch und formal eindeutige Aussagen ableiten lassen [KLEU09]

zug auf den interdisziplinären PEP insbesondere im kreativen, hochvolatilen Lösungsfindungsprozess genutzt. Sie liegen i. d. R. in einem proprietär-binärem Format (Bilddatei) und seltener als reales Objekt vor. Während ihr informaler Charakter und aufwändige Anpassbarkeit der Skalierung eine Nutzung als Architekturmodell ausschließt, so besitzen sie aufgrund des hohen Wiedererkennungswerts, des flexiblen Abstraktionsniveaus und ihrer anschaulichen Darstellung räumlicher oder prozessualer Szenarien einen hohen Mehrwert für das Verständnis von Systemkomponenten und -funktionen.
Eine exemplarische Anwendung ist die in Abbildung 4.3 dargestellte Beschreibung einer zu implementierenden Trajektorie anhand annotierter CAD-Screenshots durch die mechanische Konstruktion als Projektübergabe an die steuerungstechnische Abteilung.

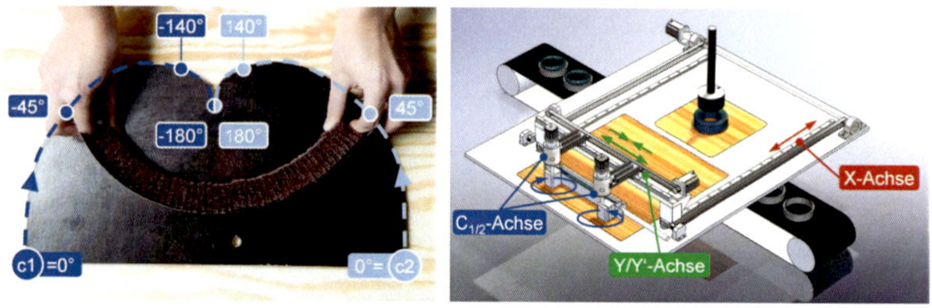

Abbildung 4.3: Ikonische und bildliche Systemmodelle von Bewegungstrajektorien
Iconic and Pictorial System Models of Trajectories

Gruppe II: *Geometrische & Textuelle Modelle*
Heutige geometrische 2D- und 3D-Modelle zählen aufgrund der Etablierung digitalisierter CAE-Werkzeuge und der zugehörigen fest definierten (proprietären) syntaktischen und grafischen Notationen i. A. zu den formalen Modellen. Die geometrische Repräsentation wird dabei i. d. R. durch eine objektorientierte Modellinstanz definiert, in der weitere Attribute (bspw. geometrische Zwangsbedingungen oder Materialdefinitionen) verlinkt sind, vgl. rechte Teilabbildung 4.4. Werden die Modellinstanzen als eine Instanzhierachie abgebildet, so ermöglicht dies die Definition entwicklungsorientierter (EBOM: „as designed"-Struktur) oder strukturorientierter (Komponentenstruktur) Systemmodelle, wodurch sich eine inhaltliche Überschneidung mit logisch-strukturellen Modellen ergibt.
Daneben sind normgerechte, geometrische Zeichnungen – insbesondere in der mechanischen Konstruktion – weiterhin stark verbreitet, um bspw. Teilespezifikationen für die Fertigung oder die Verdrahtung eines elektrischen Schaltschranks zu dokumentieren.

Textuelle Modelle sind aufgrund ihrer Expressivität und Flexibilität ein variantenreich genutztes Spezifikations- und Kommunikationsmittel im PEP. Beispiele sind u. a. Lasten-/Pflichtenhefte [VDI 01], User Story, Prozessbeschreibungen [ALLW15; DIN 83], Code-Dokumentationen sowie Stück- oder Konfigurationslisten [ISO 08], die neben dem klassischen Fließtextformat auch als Tabellen, bebilderte Präsentationen oder HTML-Dokumente vorliegen können. Das freitextuelle Format und die fehlende automatisierbare Verarbeitung führt jedoch zu semantisch inkonsistenten und nur aufwändig synchronisierbaren Systemmodellen. Sie zählen daher zu den informalen Systemmodellen.

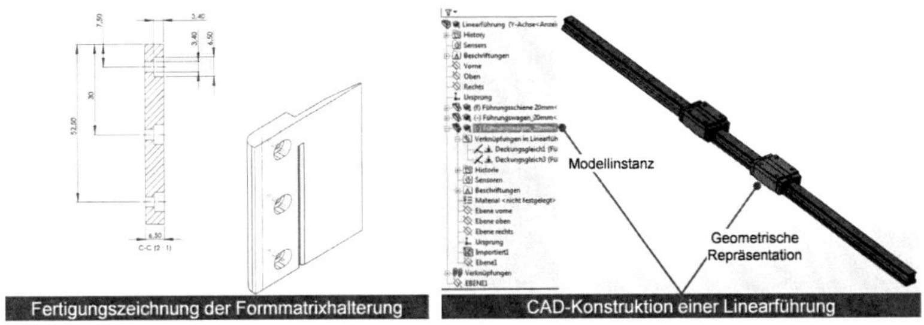

Abbildung 4.4: Exemplarische geometrische Systemmodelle
Exemplary geometric System Models

Moderne Anforderungsmanagementwerkzeuge ermöglichen objektorientierte Hierarchisierungen in Fließtextdokumenten, wobei beliebige Textabschnitte als Modellelement instanziiert und eine Verknüpfung mit Workflow-Management oder Referenzen auf andere (externe) Modellelemente erlauben, vgl. Abbildung in Anhang A. Zusätzlich kann eine Formalisierung textueller Beschreibungen mittels Templates („Schablone") erreicht werden, welche dem Modellierenden die Verwendung semantisch-standardisierter Satzstrukturen vorgibt [POHL15; RUPP14].

Fazit zu Systemmodellen der Gruppe I und II:
Systemmodelle dieser Gruppe sind sehr stark verbreitete Modelltypen für den interdisziplinären Austausch, da sie i. d. R. (1) ohne spezielle Softwarewerkzeuge lesbar sind (PDF- und Office-Werkzeuge etc.), (2) in einem menschenlesbaren Format verfasst und durch die bedarfsorientierte Bebilderung intuitiv zu erfassen sind, (3) beliebig auf das jeweilige Abstraktionsniveau angepasst und (4) durch den jeweiligen Benutzer entweder erweitert oder in anderen Dokumenten weiterverwendet werden können.
Die Expressivität und Spezialisierung ikonischer und geometrischer Modelle erlaubt die Erstellung standardisierter und skalierbarer Perspektiven, die jedoch jeweils einen in sich abgegrenzten Teilaspekt des Systems (Prinzipskizze eines Ablaufs, Konstruktion einer Baugruppe, Klemmenplan etc.) darstellen. Textuelle Modelle erlauben hingegen ein beliebiges Abstraktionsniveau; jedoch sind, vergleichbar zu Gruppe I, aufgrund häufig fehlender objektorientierter Modellrepräsentationen und eines nicht-formalen Modellaufbaus keine elementspezifischen, bidirektionalen Referenzen auf andere Partialmodelle möglich.
Weitere Probleme stellen die dezentrale Speicherung und Versionsverwaltung von Modellen dar, da in größeren Entwicklungsteams eine Vielzahl derartiger Dokumente entstehen. Das Wiederauffinden eines bestimmten Dokuments kann dabei mit zeitintensiven Suchen auf-

grund verteilter Speicherorte, fehlender Datei-Annotationen (*Tags*) und ggf. dem Abgleich verschiedener Versionsstände verbunden sein. PDM-Systeme und Versionsverwaltungen (Git) ermöglichen jedoch eine zentralisierte Dokumentenverwaltung.
Es ist zu erwarten, dass auch in Zukunft derartige, sowohl darstellungsflexible wie spezialisierte Systemmodelle verwendet werden, um Teilaspekte, Szenerien oder (räumliche) Abläufe zu spezifizieren und mit anderen Stakeholdern auszutauschen.

Anforderung 4.2. I,II-Systemmodelle sollen durch eine Spezifikationsmethodik erfasst werden können. Um eine effiziente Speicherung zu ermöglichen, sollen derartige Systemmodelle in einem Systemkontext bzw. element- oder funktionsbezogen zentral abgelegt werden können.

Gruppe III: *Logische & Quantitative Modelle*
INCOSE beschreibt Logische Modelle als „conceptual models [which] represent logical relationships about the system such as a whole-part relationship, an interconnection relationship between parts, or a precedence relationship between activities" [INCO15, S. 184]. Sie lassen sich in struktur- und verhaltensbeschreibende Modelle aufteilen, vgl. Abbildung 4.2.
Der Formalismus Logischer Modelle basiert auf diagrammspezifischen grafischen und syntaktischen Notationen, die, in Folge des arbeitsteiligen Entwicklungsvorgehen [FRIE18], stark anwendungsbezogen konzipiert sind, siehe Abbildung 4.5.

Ihre Bedeutung im PEP liegt in der präzisen Spezifikation eines Sachverhalts (Schaltplan, Code-Struktur), sowie als domänenübergreifende Austauschdokumente in dokumentenbasierten Entwicklungsprozessen [FRIE18; INCO15; EHRL09b; VDI 04b]. Abbildung 4.6 zeigt hierzu die sukzessive Erarbeitung einer verteilten Systemspezifikation durch die detaillierende Ableitung in Partialmodelle. So beschreibt JAENSCH die Generierung eines elektrischen Schaltplans aus einem Netzwerkdiagramm [JAEN12], während Code-Architekturen (Klassendiagramm) auf Basis von prozessualen Ablaufdiagrammen abgeleitet werden.

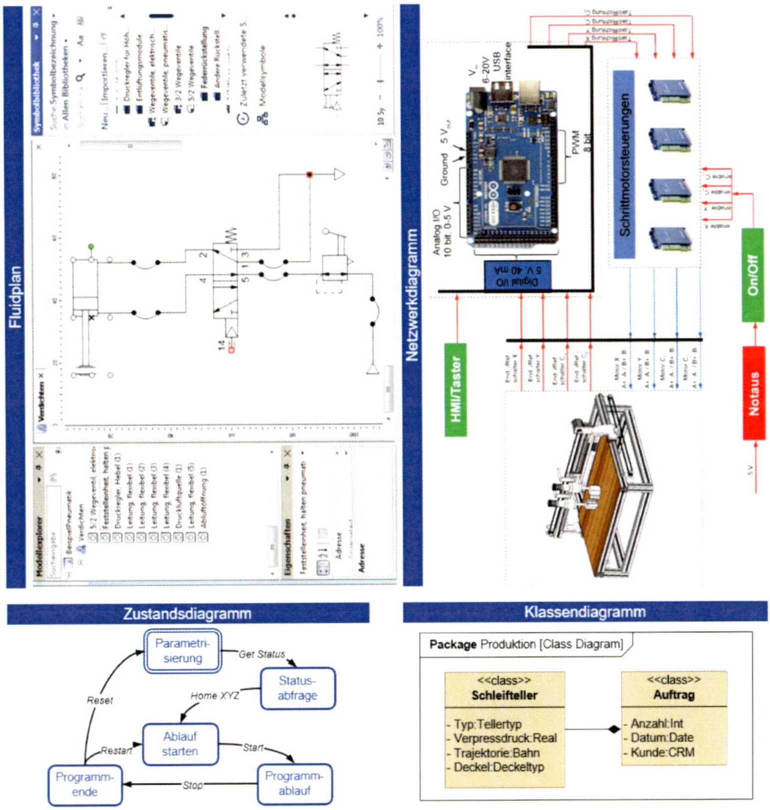

Abbildung 4.5: Exemplarische struktur- und verhaltensorientierte Logische Modelle
Exemplary structural and behavior oriented Logic Models

In diesem Kontext ist die in Defizit 2.3 beschriebene *unzureichende Integration und Umsetzung des Begriffs der Anlagenfunktion* hervorzuheben, dessen zentrale Bedeutung u. a. in Abbildung 4.6 durch die *gleichwertige* Rolle von Komponenten- wie Funktionsstruktur unterstrichen wird. So findet nach VDI 2223 insbesondere in der Konzeptionierungsphase respektive Lösungsfindung ein wiederholendes Abwägen, Überdenken und Detaillieren statt, inwiefern eine geforderte Systemfunktion durch eine technische Lösung zu realisieren ist. Nach FELDHUSEN ET AL. werden hierzu unterschiedliche Systemarchitekturen, wie alternative technische Lösungen unter Berücksichtigung der kaufmännischen, technischen

und zeitbezogenen Realisierbarkeit, sowie der erzielbaren Produkt- und Prozessqualität und bereits bestehender Lösungen gegeneinander abgewogen [FELD13c].
Dieser iterative, domänenneutrale Entwicklungsprozess der Erarbeitung einer fähigkeitsorientierten Stakeholderanforderung durch eine funktionale Komponentenstruktur dient daher der Entwicklung und Dokumentation eines übergreifenden System- und Designverständnisses. [VDI 04a; VDI 04b]

Anforderung 4.3. Die *wechselseitige* Konzipierung funktionaler Komponentenstrukturen zur Umsetzung von Systemfähigkeiten muss als grundlegendes Entwicklungsparadigma berücksichtigt werden.

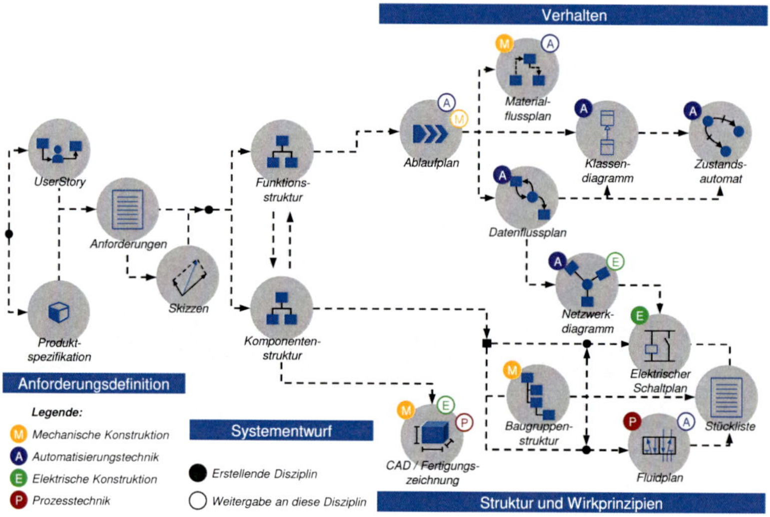

Abbildung 4.6: Verwendung und Interdependenzen von Systemmodellen in einem dokumentenbasierten Entwicklungsprozess
Application and Interdependencies of System Models in a document-based Development Process

Quantitative Modelle umfassen kontinuierliche und diskrete dynamische Systemmodelle, die in einer mathematischen, flussorientierten Notation[5] die Entwicklung und simulationsgestützte Validierung von Systementwürfen ermöglichen. Hierbei stehen insbesondere physikalische, elektrische oder fluidische Anwendungen im Fokus, wie beispielsweise regelungstechnische Systeme, elektrische Antriebsauslegung, thermo-fluidische Kreisläufe etc.

[5] Bekannte Entwicklungsumgebungen sind u. a. Matlab Simulink®, Simcenter Amesim™, Dymola®

Der ausgeprägte formale Aufbau ermöglicht präzise und aussagekräftige, bis hin zu realitätsgetreuen Modellen. Deren aufwändige Erstellung erfordert jedoch zum einen in einem hohen Maße Expertenwissen und spezifische Entwicklungsumgebungen, weswegen derartige Modelle i. d. R. nicht zwischen den Domänen ausgetauscht werden. Zum anderen ist zur Modellbildung eine exakte Definition der Umgebung und Systemkomponenten notwendig. [VDI 04a]
In Bezug auf Architekturmodelle ist, vergleichbar zu Gruppe-I-Modellen, eine Verlinkung der Simulationsmodelle mit partiellen Modellstrukturen für die Dokumentation der Entwicklungshistorie von Bedeutung.

Anforderung 4.4. Das Architekturmodell oder individuelle Modellelemente sollen jederzeit, auch nach Abschluss des Systementwurfs, durch die Verlinkung spezialisierter Assets wie bspw. Simulationsmodelle erweitert werden können.

Interdisziplinärer Informationsaustausch

Interdisciplinary Information Exchange

In Anlehnung an Abbildung 4.6 werden im Folgenden der Informationsaustausch innerhalb des Systementwurfs nach VDI 2206 zwischen den vier Hauptdomänen[6] thematisiert, um alle auszutauschenden Schnittstelleninformationen für die Sprachauslegung zu berücksichtigen.

Phase: *Anforderungsdefinition*

> *I believe that this nation should commit itself to achieving the goal, before this decade is out, of landing a man on the Moon and returning him safely to Earth.*
>
> *John F. Kennedy, 25. Mai 1961*

Das Zitat ist beispielhaft für die ideale Formulierung einer initialen Vision oder Innovation, durch die klare Beschreibung des anvisierten Systemverhaltens sowie der Definition messbarer Zielgrößen. Innerhalb eines Entwicklungsprozesses werden aus dieser Vision zunächst eine User Story und später funktionale Anforderungen abgeleitet. RUPP beschreibt diesen mehrstufigen, iterativen Verfeinerungsprozess von Stakeholderanforderungen[7] in einer 5-stufigen Spezifikationsstruktur für die VDI 2206 [RUPP14], Abbildung 4.7. Die Ergebnisse eines Spezifikationslevels sind demnach die initialen Anforderungen für die anschließende Entwicklungsphase [GILZ14].

[6] Mechanische und Elektrische Konstruktion, Steuerungstechnik und Prozesstechnik

[7] GILZ definiert eine Anforderung (engl. Requirement) als „eine Aussage über die geforderte oder gewünschte Eigenschaft" [GILZ14, S. 57] eines Produkts. Um die exakte und eindeutige Formulierung sicherzustellen, ist es nach ISO IEC IEEE 29148 erforderlich, dass die zur Qualifizierung definierten Kritierien den jeweiligen Systemanwender und Anwendungskontext berücksichtigen [ISO 11]

Zur Strukturierung der verschiedenen Anforderungsarten werden Kategorisierungen eingesetzt, die zumeist zwischen funktionalen[8] und nicht-funktionalen[9] sowie rechtlichen, technologischen und qualitativen Anforderungen etc. unterscheiden. POHL argumentiert jedoch, dass nicht-funktionale Anforderungen entweder unzureichend detaillierte funktionale oder Qualitätsanforderungen darstellen und empfiehlt die folgende Aufteilung [POHL15], die auch im Folgenden verwendet werden soll:

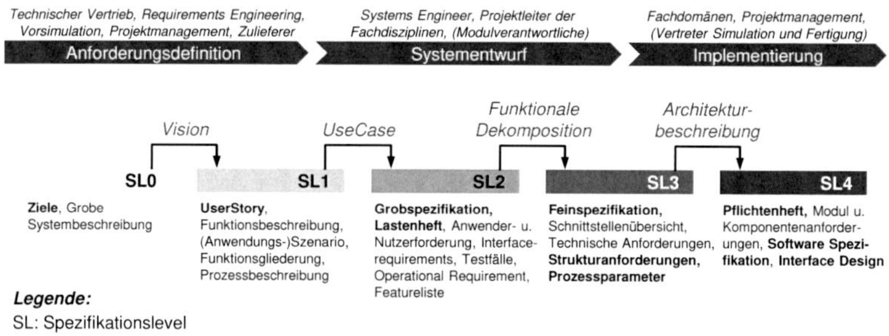

Abbildung 4.7: Detaillierung von Anforderungsformaten in phasenübergreifenden Anforderungsspezifikationen, nach [RUPP14]
Detailing of Requirement Formats in phase-spanning Requirement Specifications acc. to [RUPP14]

- **Funktionale Anforderungen**
  Erforderliche Fähigkeiten und bereitzustellende Dienste (Services) des Systems
- **Qualitätsanforderungen**
  Quantifizierbare Systemeigenschaften, wie Leistungsfähigkeit, Robustheit etc.
- **Randbedingungen**
  Begrenzung des Lösungsraums der technologischen Implementierung durch organisatorische, rechtliche oder technologische Randbedingungen

Im interdisziplinären Entwicklungsprozess ist die Absicherung und Dokumentation der korrekten und vollständigen Implementierung aller Stakeholderanforderungen von hoher Bedeutung. Dazu werden die Requirements zunächst in baumartigen Anforderungshierarchien[10] spezifiziert, um die Detaillierung und Implementierung einzelner Requirements in Subrequirements über verschiedene Abstraktionsebenen hinweg zu dokumentieren. Dies erfolgt i. d. R. via *Tracelinks*, die bspw. eine „implemented by"-Referenz von einer Anforderung auf

[8] Definiert das Ergebnis eines Verhaltens, das durch System/Komponente umgesetzt oder bereitgestellt werden soll [ISO 11]

[9] Beschränkung oder Konkretisierung des Lösungsraums, durch die Vorgabe von Lösungsansätzen oder quantitativen Leistungsparameter [ISO 11]

[10] vgl. bspw. Requirements Diagram der SysML oder CONSENS [TWO 18; OMG17]

die realisierende Systemkomponente beschreiben, Abbildung 4.8. HASSE UND MICHIELSEN weisen allerdings daraufhin, dass diese Modellstrukturen nicht die kreativ erarbeiteten technischen Alternativen innerhalb des interdisziplinären „multi-objective design and decision-making process“ [HASS14, S. 5] berücksichtigen, auf deren Grundlage zum einen das domänenübergreifende Systemverständnis geprägt wird und entscheidende *Designentscheidungen* getroffen werden (*„The Missing Link“*), Abbildung 4.8. Dies betrifft auch alle abgeleiteten Anforderungen der nächsten Abstraktionsebene [HASS14].

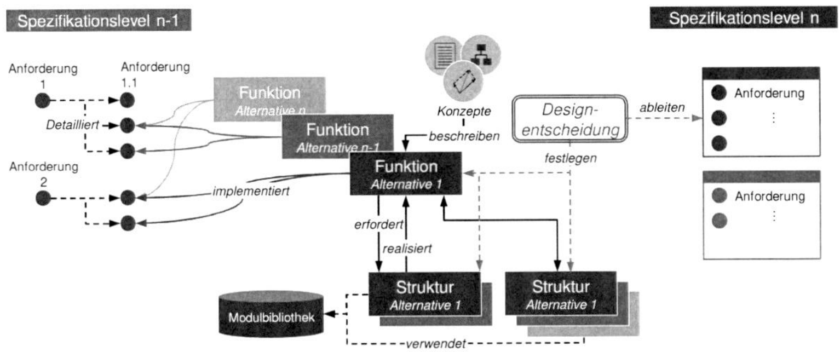

Abbildung 4.8: Alternative Architekturentwürfe und Designentscheidungen im Systementwurf, nach [HASS14]
Alternative Architectural Designs and Decisions within the System Design acc. to [HASS14]

MICHAELIS ET AL. schlägt hierzu die Integration von Anforderungen als *Means* innerhalb einer als *Function-Means Tree*, vgl. Kapitel 2.3.4.2, strukturierten Produktarchitektur vor [MICH15].

Anforderung 4.5. Die Spezifikationsmethode soll sowohl technische Lösungsalternativen zur Implementierung von Systemanforderungen, als auch die finale Designentscheidung berücksichtigen. Die zugehörigen Konzeptdokumente (Skizzen, Tabellen etc.) sollen direkt mit den Alternativen verknüpft werden können, vgl. Abbildung 4.8.

Phase: *Systementwurf* & Implementierung

Die Finalisierung[11] der Anforderungsdefinition initiiert die Phase des Systementwurfs zur Erarbeitung einer domänenübergreifenden Systemarchitektur, vgl. Abbildung 4.8.
Die Konzipierung des technischen Systems erfolgt nach VDI 2206 und VDI 2221 in direkter Kooperation der Hauptdomänen, wobei die Erarbeitung von domänenübergreifenden

[11] Es sei an dieser Stelle nochmals auf die iterativen Optimierungszyklen zur Verfeinerung von Anforderungen hingewiesen, vgl. S. 18. Dies kann zu Änderungen an der Anforderungsstruktur oder deren Inhalten führen, was ebenfalls durch eine Spezifikationssprache zu berücksichtigen ist.

Lösungen nach Kapitel 2.1.3 den (gemeinsamen) Entwurf von *Komponenteninteraktionen* und *Technischen Verkettungen*, des *Datenaustauschs* und der *Prozessführung* umfasst.

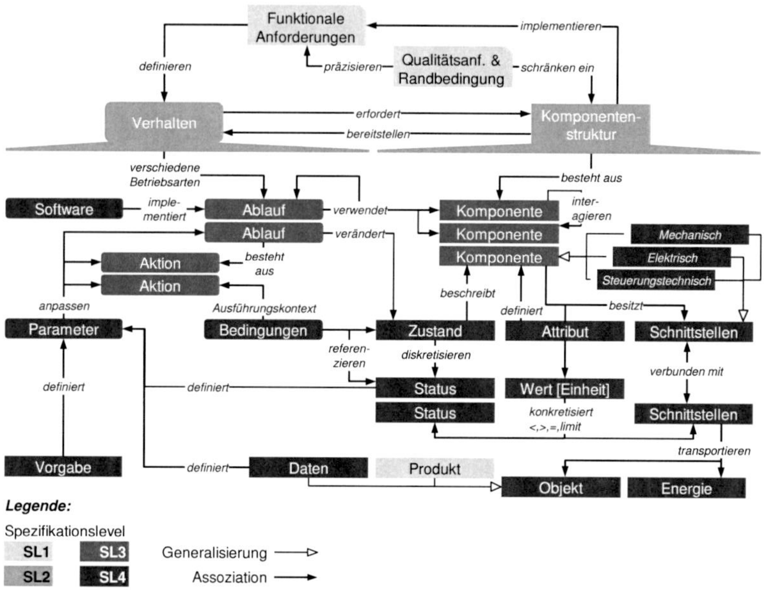

Abbildung 4.9: Abstraktion Technischer Systeme
Abstraction of Technical Systems

Die Festlegung dieser Prinzipien implizieren Architekturentscheidungen, die in der domänenspezifischen Entwicklung die Grundlage zur detaillierten Ausgestaltung und Implementierung der Lösungskonzepte darstellen, vgl. Abbildung 4.6. Die für die jeweilige Fachdomäne relevanten Systemcharakteristika und Architekturentscheidungen müssen daher zur domänenspezifischen Implementierung aus *einem* Systemmodell extrahiert werden können. Die Herausforderung in der Konzipierung eines Metamodells für produktionstechnische Systemarchitekturmodelle besteht daher darin, die *relevanten* Charakteristika des Systems erfassen zu können, sodass alle *domänenübergreifenden* Attribute, Eigenschaften und Verhalten des Systems in einem zentralen Systemmodell verfügbar sind.
Abbildung 4.9 zeigt dazu eine abstrahierte Systemarchitektur, die aus der Analyse produktionstechnischer System aus Kapitel 2.1.3 und den ausgetauschten Spezifikationstypen innerhalb des dokumentenbasierten Entwicklungsprozesses aus Abbildung 4.6 entwickelt wurde.

Die Systemarchitektur ist in Anlehnung an die Aufteilung logischer Modelle, vgl. Gruppe-III-Modelle auf S. 58, in verhaltens- (links) und strukturorientierte (rechts) Elemente unterteilt. Im Zentrum steht dabei die nach LONG beschriebene Dreiecksbeziehung der Elemente *Anforderung*, *Verhalten* und *Komponente* [LONG19]. Demnach beschreiben Funktionale Anforderungen das gewünschte Systemverhalten, das durch Komponentenstrukturen implementiert wird, welche wiederum neue, verfeinerte Verhalten bereitstellen [HERF18a]. Exemplarisch kann aus einer Anforderung *„Das Produkt muss von A nach B transportiert werden"* das Systemverhalten *Handhabung* abgeleitet werden. Zu dessen Realisierung wird anschließend ein *Portalroboter* ausgewählt, welcher neue, unterlagerte Verhaltensweisen (*Greifen* und Bewegen) bereitstellt, deren Realisierung wiederum auf einer Menge an elektrischen, mechanischen und fluidischen Komponenten basiert. Verfeinerte Qualitätsanforderungen und Randbedingungen bspw. hinsichtlich der Dynamik, Positioniergenauigkeit, Zykluszeit, Platzbedarf etc. stellen hierbei Lösungseinschränkungen für die Auslegung der Komponentenstrukturen dar, vgl. vorigen Abschnitt zu Anforderungsdefinition.

Anschließend erfolgt die Detaillierung der Verhaltensimplementierung linksseitig und die der Wirkstruktur rechtsseitig, vgl. Abbildung 4.9.
Das Verhalten, als intrinsische Fähigkeit des Systems, kann für verschiedene, gleichartige *Abläufe*[12] genutzt werden, deren Implementierung wiederum auf der Interaktion unterschiedlicher Komponenten basiert. Eine Ablaufsequenz besteht dabei aus einer Menge Aktionen, die zum einen durch generische Parameter individualisiert und durch (logische) Ausführungsbedingungen zur Laufzeit beschränkt sein können.
Diese Parameter und Bedingungen referenzieren die rechtsseitig detaillierte Wirkstruktur, in der jeder Komponente Zustände und Schnittstellen zugewiesen werden können, über die sie physikalisch, energetisch oder stofflich interagieren. Attribute dienen zur präzisen Definition von Komponenten- oder Schnittstelleneigenschaften, wie beispielsweise *Höhe*, *Eingangsspannung*, *Gewindetyp*, *Durchfluß* etc.

Im Hinblick auf das zu überwindende Defizit 4.3, stellt diese Abstraktion die disziplinübergreifend verwendeten Strukturelemente *Wirkstruktur* und *Verhalten* **sowie** deren wechselseitige Beziehung in den Mittelpunkt, wodurch eine **funktionsorientierte, domänenübergreifende Strukturierung aller Systemkomponenten (Funktionaler Ansatz)** entsteht. Dies ermöglicht die Integration technologieneutraler Funktionsbeschreibungen als auch die Spezifikation aller dazu erforderlichen domänenübergreifenden Elemente (Designentscheidungen), wodurch das Systemmodell auch die von ZAFIROV geforderte „Mediatorfunktion" als interdisziplinäre Kommunikationsplattform [ZAFI14, S. 87 ff.] umsetzt.

Anforderung 4.6. Das Architekturmodell soll auf dem in Abbildung 4.9 beschriebenen ***Funktionalen Ansatz*** zur Abstraktion des produktionstechnischen Systems und der wechselseitigen Implementierung von *Verhalten* und *Struktur*, vgl. Anforderung 4.3, basieren.

[12]Verhalten: Handhaben – Zugehörige Abläufe: Einlegen, Abholen, Tauschen

Konsistente Modellierung

Consistent Modelling

Um unterschiedliche Eigenschaften (Struktur, Verhalten) eines Systems zu beschreiben, nutzen Architekturmodelle unterschiedliche Systemperspektiven [ZAFI14], vgl. Kapitel 2.3. Erfolgt jedoch eine verteilte und unsynchronisierte Definition von Modellelementen für den gleichen Sachverhalt (Objekt, Funktion, Interaktion) in verschiedenen Perspektiven des Modells, so führt dies zu informalen und nur aufwändig wiederverwendbaren Systemmodellen, vgl. Defizit 2.4, was u. a. die Verfolgung der Anforderungsumsetzung behindert.

Anforderung 4.7. Das Metamodell muss sowohl die Definition einer Elementinstanz sowie deren Wiederverwendung in anderen Systemperspektiven eindeutig definieren, um die Datenkonsistenz aller Abbildungen sicherzustellen.

Modellerstellung und -handhabung

Model Creation and Handling

Die Effizienz einer Spezifikationssprache und deren Nutzerakzeptanz bemisst sich zusätzlich an der Modellierungseffizienz (aufwandsarm) und des intuitiven Verständnisses sowie der Verwendung der Sprachelemente (Handhabbarkeit), vgl. Bewertungskriterien aus Abbildung 2.15. Daher muss die Spezifikationssprache ein Werkzeug darstellen, dessen Notation einen Kompromiss zwischen einfach verständlichen und zugleich aussagekräftigen und damit vergleichbaren Systemmodellen ist. Durch die kooperative Nutzung verschiedener Fachdisziplinen kommt der semantischen Definition von Modellelementen zusätzlich eine hohe Bedeutung zu.

Anforderung 4.8. Mit Bezug auf die Defizite 2.1, 2.2 muss die Konzeptionierung der Notationsform daher die folgenden Spannungsfelder berücksichtigen.

Diagramme

1-Diagramm-Modelle bieten einen vollständigen Überblick über das Systemmodell, jedoch führt dies bei komplexeren Systemen schnell zu einer Überladung und damit verbundenen erschwerten Lesbarkeit des Modells.
Multi-Diagramm-Modelle ermöglichen hingegen (verknüpfte) perpektivspezifische Darstellungsformen der Architektur, jedoch können verteilte und ggf. verschachtelte Relationen die Darstellung funktionaler Abhängigkeiten und Wirkprinzipien erschweren.

Modellierungsrichtlinie

Eine hohe Modellierungsflexibilität ermöglicht dem Nutzer eine freie Gestaltung und somit die direkte kreative Umsetzung der Ideen in ein Modell. Strikte Vorgaben gewährleisten hingegen die Erstellung standardisierter und somit einheitlich-verständlicher sowie wiederverwendbarer Modelle.

Syntaxumfang

Eine umfangreiche Sprachsyntax bietet dem Modellierenden ein ausdrucksstarkes und präzises Werkzeug. Eine steigende Syntaxkomplexität führt jedoch gleichzeitig zu einem höheren Einarbeitungsaufwand – sowohl für den erstellenden als auch lesenden Nutzer.

5 Konzipierung einer modellbasierten Spezifikationssprache

Conceptualization of a Model-Based Specification Language

Aufbauend auf den erarbeiteten Erkenntnissen aus Kapitel 2 sowie den definierten Anforderungen in Kapitel 4 wird im Folgenden eine modellbasierte Spezifikationssprache für den Entwicklungsprozess produktionstechnischer Systeme gemäß der Zielstellung aus Kapitel 3.2 konzipiert. Die methodische Einbindung der Sprache in den PEP erfolgt anschließend in Kapitel 6.1.
Im Folgenden wird die Spezifikationssprache als *Interdisciplinary Modeling Language (IML)* und deren Modellinstanzen als IML-Modelle bezeichnet.

5.1 Aufbau der Spezifikationssprache

Structure of the Specification Language

Abbildung 4.6 zeigt auf, dass innerhalb des dargestellten dokumentenbasierten Entwicklungsprozesses die Systemspezifikation und der domänenübergreifende Informationsaustausch im Wesentlichen auf drei verschiedenen Perspektiven basiert. Unter Berücksichtigung dieser etablierten Strukturierung sowie der anvisierten Minimierung der Modellkomplexität, vgl. Defizit 2.2 und Anforderung 4.3, wird die Grundstruktur der Sprache ebenfalls in dieser Aufteilung konzipiert, wobei für jede Systemperspektive ein eigener Diagrammtyp zu entwickeln ist.

1. Funktionen ⇄ Komponenten ⇒ **Functional Structure (FS)**
   Welche Komponentenstrukturen sind erforderlich, um die gewünschten Systemfähigkeiten zu realisieren?

2. Struktur und Wirkprinzipien ⇒ **Interaction Structure (IS)**
   Wie interagieren die Komponenten statisch miteinander?

3. Verhalten ⇒ **Sequential Behavior Diagram (SBD)**
   Wie werden die Anlagenfähigkeiten durch dynamische Ablaufverhalten realisiert?

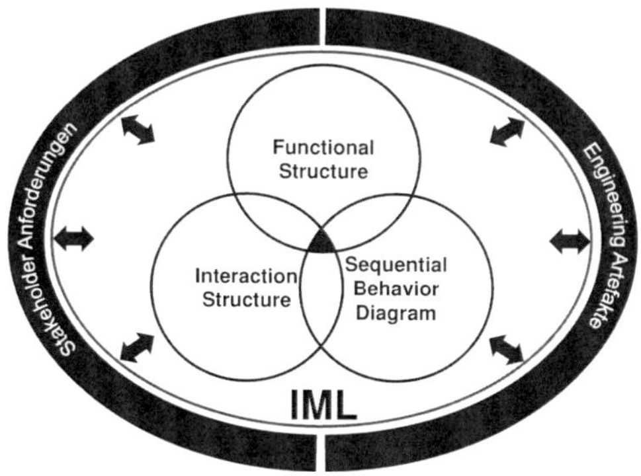

Abbildung 5.1: Diagramme der Interdisciplinary Modeling Language (IML)
Diagrams of the Interdisciplinary Modeling Language (IML)

Um eine konsistente Modellierung innerhalb dieser Diagrammkonstellation zu ermöglichen, vgl. Anforderung 4.7, sollen die funktions- und komponentenorientierten Modellelemente im FS-Diagramm definiert und anschließend als homomorphe (Teil-)Strukturen in den anderen Systemperspektiven IS und SBD wiederverwendet sowie mit diagrammspezifischen Beschreibungselementen erweitert werden. Dies fördert zum einen den übergreifenden Wiedererkennungswert der Systemstrukturen innerhalb des Architekturmodells, sowie die Erstellung einheitlicher und somit wiederverwendbarer Modellstrukturen.

5.2 Funktionales Modellierungsparadigma der IML

Functional Modeling Paradigm of IML

In Anlehnung an die nach ESTEFAN beschriebene Funktionale Analyse [ESTE07] umfasst die Systemsynthese die initiale Ableitung einer Systemfähigkeit aus einer Stakeholderanforderung, die durch eine Menge von Komponenten zu realisieren sind, deren Aufbau, Leistungsfähigkeit und Verhalten wiederum den ursprünglich gestellten Anforderungen entsprechen muss, Abbildung 5.2. Die Festlegung auf eine derartige Systemstruktur beschreibt somit eine elementare Entwurfsentscheidung (engl. Design Decision) [HASS14].

Im Gegensatz zur getrennten Modellierung der Funktions- und Komponentenstruktur konventioneller Ansätze, vgl. Kapitel 2.2, sieht dieses Paradigma eine alternierende Modellierung der zentralen Elemente *Funktion* und *Funktionsträger* gemäß des **Funktionalen Ansatzes** aus Anforderung 4.3 vor. Deren Beziehungen sind folgendermaßen zu beschreiben:

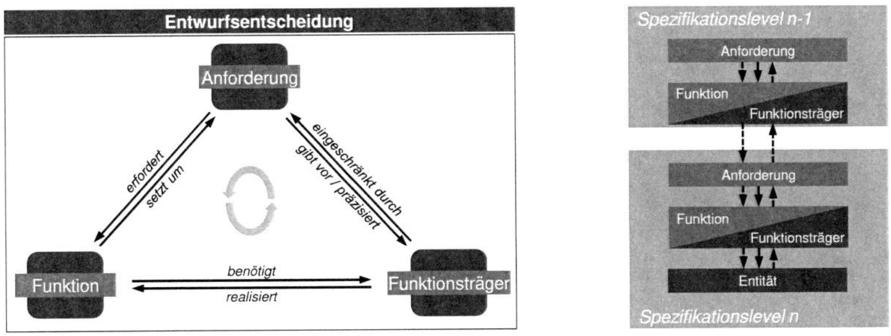

Abbildung 5.2: Modellierungsparadigma der IML, nach [HERF18b]
Modeling Paradigm of the IML acc. to [HERF18b]

Eine Funktion wird durch die unterlagerte Funktionsträger-Struktur implementiert
Die Funktionsträger stellen wiederum neue Funktionen bereit

Diese wechselseitige Verschachtelung ermöglicht somit die Definition eines **Funktionalen Kontexts**, wodurch (1) zum einen jeder (Hard-/Software)Komponente direkt ein funktionaler Realisierungsauftrag, sowie (2) einer jeden Funktion domänenübergreifend alle implementierungsrelevanten Assets zugeordnet werden können.

Das Modellierungsparadigma beschreibt somit einen *Top-Down-Ansatz*, wobei die Systemstruktur von einer groben Skalierung (Anlagenfunktionen, Anlagenabschnitt) mittels der beschriebenen iterativen Detaillierung in eine Feinstruktur (Basisfunktion, Komponente) überführt wird. Das Ergebnis stellt einen Baum dar, dessen Blätter[1] *Entitäten* sind, die als terminale Einheiten jedoch keine weiteren Fähigkeiten beitragen, vgl. Abbildung 5.2 rechts.

Entitäten dienen zur Realisierung der übergeordneten Funktion,
sie führen jedoch keine neuen Fähigkeiten ein.

Dem Modellierenden ist es hierbei überlassen, ob ein ggf. mechatronisch-komplexes Asset detailliert als Funktionsträger mit Subfunktionen modelliert wird, oder ob es ausschließlich zur Realisierung einer Funktion dient und dessen (innerer) Aufbau keiner verfeinerten Spezifikation bedarf.
Diese Abstraktionsfreiheit gilt analog im Allgemeinen. Das Architekturmodell soll in der Tiefe stets bedarfsorientiert detailliert werden können, wobei die ausgelassene Konkretisierung einzelner Anlagenfähigkeiten, Abläufe oder Wirkstrukturen neue Entwicklungsaufgaben darstellen können.

[1] Die untersten Elemente eines Baums, die selbst keine Kindelemente besitzen, werden als Blätter bezeichnet

5.3 IML-Diagramm: Funktionale Struktur

IML Diagram: Functional Structure

Functional Structure (FS): *Die FS dient zur sukzessiven Ableitung und Defintion von Systemfähigkeiten aus Stakeholderanforderungen und wiederum deren Implementierung durch fähigkeitsbehaftete Komponentenstrukturen.*

Gemäß des Modellierungsparadigmas werden die Basiselemente $FS = \{FO, F, E\}$ der Funktionalen Struktur eingeführt, um die funktionsorientierte Systemarchitektur zu modellieren, siehe den Metamodellausschnitt in Abbildung 5.3.

- **Function Owner (FO)** (deutsch: Funktionsträger)
  Ein Anlagenteil oder eine komplexe Baugruppe, die über Fähigkeiten verfügt
  Formstation, Verdichter, Linearantrieb, Programme
- **Function (F)** (deutsch: Funktion)
  Eine generische Fähigkeit des Systems oder Subsystems, die zur Ausführung unterschiedlicher Prozesse genutzt werden kann
  Formen, Greifen, Bewegen, Auswerten
- **Entity (E)** (deutsch: Entität)
  Eine Komponente, die entweder keine weiteren Funktionen besitzt, oder deren weitere Detaillierung nicht gewünscht ist
  Zukaufteile, einfache mechanische, elektrische Komponenten, Softwarebausteine

Der Aufbau des Diagramms ist als zyklusfreier, gerichteter Baumgraph konzipiert (Wurzelbaum), dessen Wurzelelement stets ein Funktionsträger ist. Um komplexe Bäume zu modularisieren, ist es möglich, die Substruktur („⊨“) eines FO-Knotens in einer neuen, eingebetteten FS zu beschreiben, wobei der Ursprungsknoten die Wurzel des neuen Diagramms darstellt.
Die strikte vertikale Modellstruktur schließt die Verwendung lesbarkeitsmindernder Querverbindungen aus. Wird jedoch *eine* Komponente mehrfach zur Realisierung *verschiedener* Funktionen verwendet, so können diese als *Entity References* rE oder *Function Owner References* rFO auch anderen Funktionssträngen hinzugefügt werden. Diese referenzieren dann jeweils eine Master-Modellinstanz, vgl. rE8.4.2 in Abbildung 5.3.

Anmerkung: Die im folgenden gezeigten Diagramme zeigen (zur besseren Verständlichkeit) Ausschnitte aus der Metamodellspezifikation und zugehörige exemplarische Modelle. Die vollständigen Metamodelle sind in Anhang B ff. zu finden.

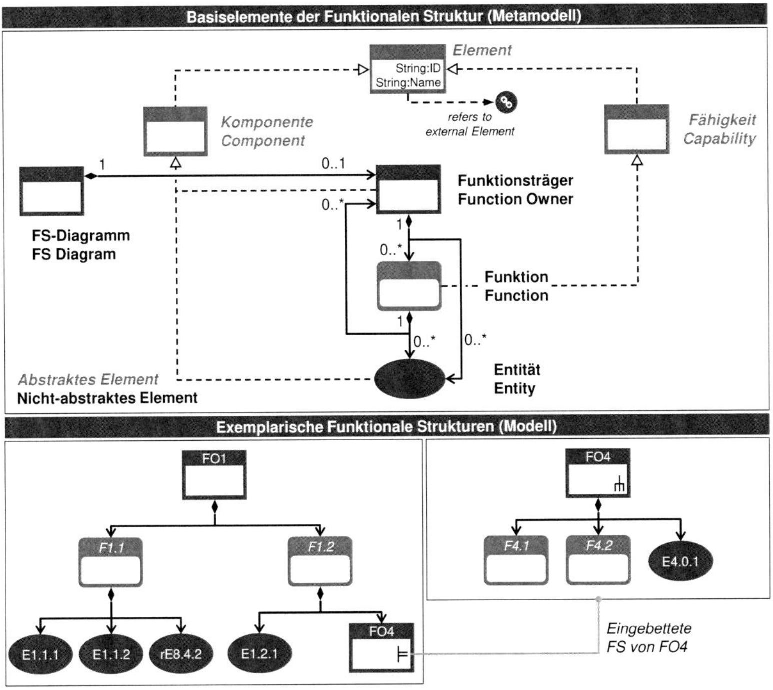

Abbildung 5.3: Aufbau der Functional Structure (FS) (Ausschnitt des Metamodells). Definition der FS-Basisstrukturelemente
Structure of the Functional Structure (FS) (Metamodel Extract). Definition of the basic structural FS Elements

Alternativ kann das Diagramm durch die formale 4-Tupel Grammatik $G_{FS} = (N, V, S, P)$ nach CHOMSKY spezifiziert werden, deren Produktionsregeln die Modellierungsvorgaben des Diagrammtyps definieren. Ausgehend vom Startsymbol (*Axiom*) können Variablen (*Kleinbuchstaben*) gemäß der Produktionregeln durch neue Ausdrücke ersetzt werden, bis der Ausdruck nur noch terminale Symbole (*Großbuchstaben*) enthält. Die syntaktischen Regeln und das determinierte Alphabet führen dabei immer zu einem korrekten Ausdruck.
Anmerkung: Gegenüber der üblichen Konvention nach CHOMSKY *wurde die Groß- bzw. Kleinschreibung der Nicht-Terminalen bzw. Terminalen bewusst umgedreht, da die im Folgenden verwendeten Abkürzungen der FS-Elemente ebenfalls in Großbuchstaben erfolgt.*

Alphabet	*Terminale*	$T = \{E, FO, F\}$
Variablen	*Nicht-Terminale*	$V = \{fo, f, e\}, T \cap V = \varnothing$
Startsymbol	*Axiom*	$S ::= fo \in V$
Produktionsvorgaben	*Regeln*	$P = \{fo \rightarrow FO(f\ e) \mid \epsilon;$ $e \rightarrow Ee \mid \epsilon;$ $f \rightarrow F(fo\ e)\ f \mid \epsilon\}$

Die grammatikalische Repräsentation des FS-Modells aus Abbildung 5.3 lautet in polnischer Notationsform dementsprechend:

$$FS = FO\Big(F\big(E\ E\ E\big)\ F\big(FO(F()\ F()\ E)\ E\big)\Big)$$

Mit Bezug auf die Abstraktion technischer Systeme aus Abbildung 4.9 ermöglicht die Functional Structure die Erweiterung der Basiselemente zusätzlich um *Zustände*, *Attribute* und *Prozesse*, deren Bedeutungen und Eigenschaften im Folgenden vorgestellt werden.

5.3.1 Attribute

Attributes

Attributes ermöglichen die Spezikation elektrischer, mechanischer, fluidischer etc. Charakteristika von *Komponenten* mittels numerischer Parameter basierend auf ISO EN 80000 [ISO 13]. Abbildung 5.4 zeigt den Aufbau eines Attribute-Elements.

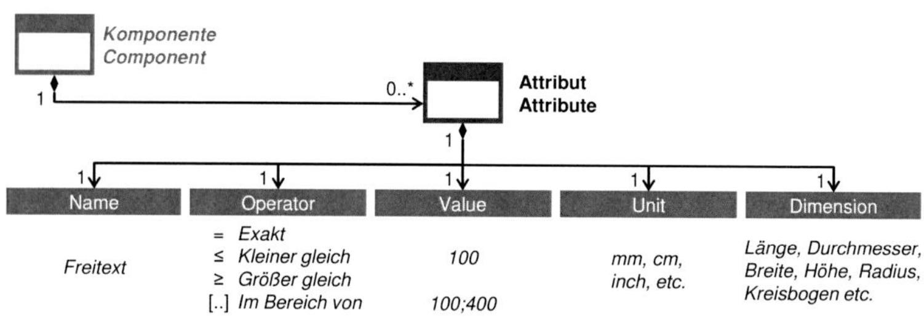

Abbildung 5.4: Aufbau eines IML-*Attributes* am Beispiel einer Längeneinheit
Structure of an IML Attribute using the Example of a Length Unit

Neben einer individuellen Bezeichnung verfügt jedes Attribut über einen Wert, Einheit und eine Dimension, welche die Bedeutung der Einheit spezifiziert. Explizite Zuweisungen, Limitierungen oder Bereichsdefinitionen werden durch den jeweiligen Operator ($=, \leq, \geq, [..]$) definiert.
Um eine eindeutige Zuordnung zu gewährleisten, sind diese stets direkt als Kindelement einem Function Owner oder Entity zuzuordnen.
Attribute erlauben dem Modellierenden die Erstellung präziser Eigenschaftsbeschreibungen von Komponenten, wobei die Operatoren sowohl die Formulierung von Istbeschreibungen (Spezifikation), als auch Sollbeschreibungen (Anforderungsprofil) $\leq, \geq, [..]$) für die anschließende domänenspezifische Engineeringphase ermöglichen. Ferner bilden Attribute die Basis für konsekutive Systemvalidierungen und Kompatibiltätsprüfungen, wie bspw. die Ermittlung elektrischer Lasten zur Auslegung eines Schaltschranks bzw. von Kühlaggregaten, Bestimmung notwendiger Rohrquerschnitte oder einer mechanischen Hubkraft.

5.3.2 Zustand

Status

Zustandsdefinitionen von Komponenten sind insbesondere für die Modellierung des dynamischen Systemverhaltens in Ablaufdiagrammen erforderlich.

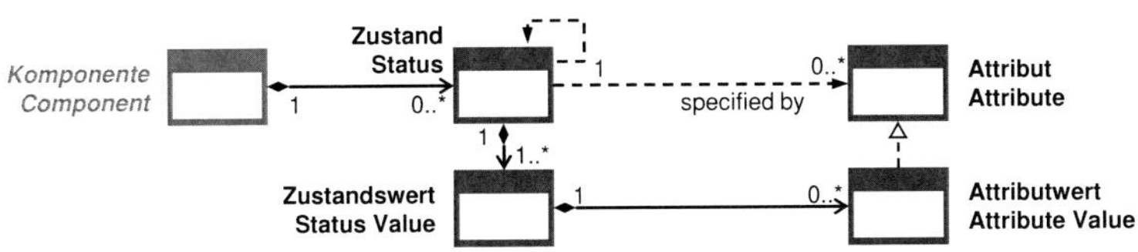

Abbildung 5.5: Aufbau eines IML-*Status* und der zugeordneten *StatusValues*
Structure of an IML Status and its assigned StatusValues

Ihre Definition und Verwaltung erfolgt jedoch primär in der FS aufgrund der besseren Übersicht der Komponentenstruktur. Zustände in produktionstechnischen Systemen können sich direkt auf einzelne Komponenten beziehen (*Blockierung Lichtschranke*) oder abstraktere, aggregierte Zustandsdefinitionen darstellen (*Sicherheit, Betriebszustand, Betriebsbereit*), die sich aus anderen Zustandsdefinitionen zusammensetzen.IML-Zustandsdefinitionen bestehen daher zunächst aus einem Zustandselement *Status* S und einer Menge möglicher Zustandswerte *StatusValues* $SV = \{SV^*\}$, Abbildung 5.5. Die einnehmbaren Werte eines

Zustands können sowohl als binäre Werte (*An, Aus*) definiert als auch durch die Diskretisierung verknüpfter *Attributes* (*Füllstand_Leer ≤ 10 l, Beladeposition = 440 mm*) spezifiziert werden. Abbildung 5.6 zeigt hierzu in der unteren Hälfte eine beispielhafte Spezifikation der *StatusValues* „i.O“, „n.i.O“.
Die direkte Zuweisung eines Messbereichs, als auch der entsprechenden Ausgangsspannung können in der anschließenden Engineeringphase durch den Automatisierungstechniker für die Implementierung extrahiert und verwendet werden.

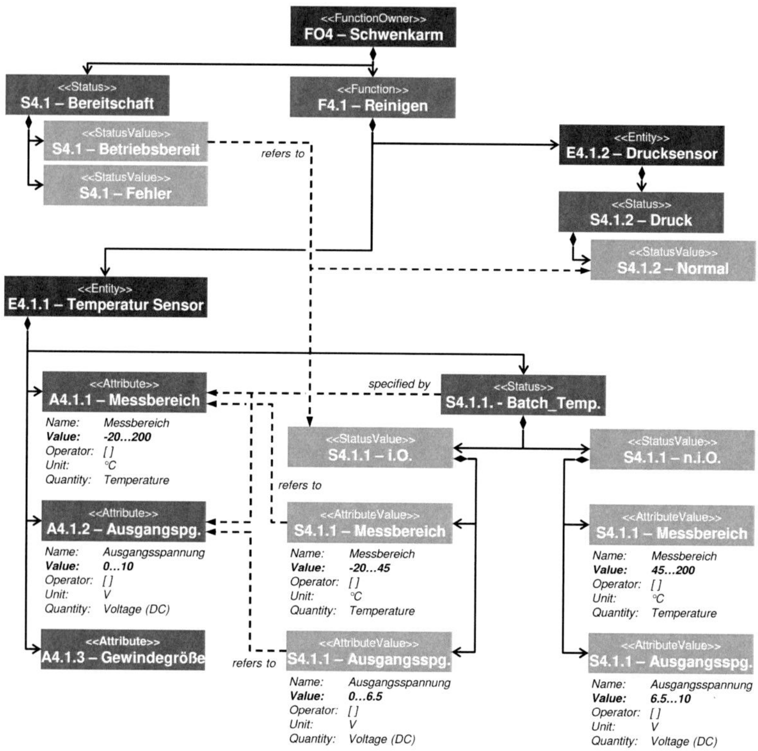

Abbildung 5.6: Exemplarische Verknüpfung von *Attributes* mit einem *Status* zur Präzisierung der *StatusValues*
Exemplary Linking of Attributes with a Status for Detailing its StatusValues

5.3.3 Anforderungen

Requirements

Gemäß des Modellierungsparadigmas erfolgt die Erstellung, Bearbeitung und Verwaltung von Anforderungsbeschreibungen in externen Anwendungen. Zur Integration der Anforderungselemente stehen die folgenden *Requirements*-Elemente in IML (Definition siehe S. 62) zur Verfügung, Abbildung 5.7.

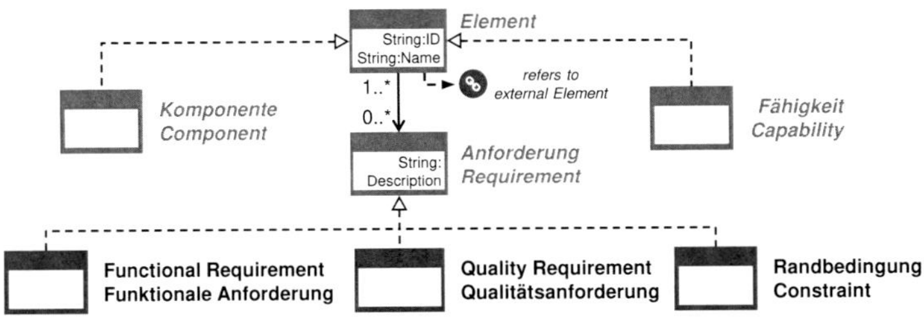

Abbildung 5.7: *Requirements*-Elemente der IML
Requirements Elements of IML

Nach Anforderung 4.7 zur konsistenten Modellierung synchronisiert sich deren Beschreibung direkt auf das jeweilige externe Anforderungselement, Kapitel 7.1.2.
In Anlehnung an die sukzessive Verfeinerung des Architekturmodells gemäß Abbildung 5.2 und die Umsetzung der Traceability der Implementierung und Detaillierung von *Requirements*, stehen insgesamt vier Assoziationstypen zur Verfügung. Diese können für die Verfeinerung (*is refined by, refines*) und Realisierung (*implemented by*) von Anforderungen, sowie die Definition neuer Anforderungen (*required by*) verwendet werden.

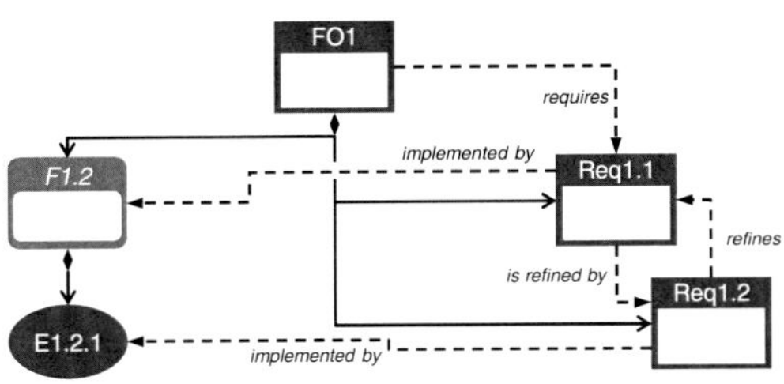

Abbildung 5.8: Relationstypen für die Verfeinerung und Verlinkung von *Requirements*
Relation Types for Refining and Linking Requirements

Eine Präzisierung der einfachen Elementverlinkung zur Anforderungsspezifikation ermöglicht die Einführung textueller HTML-Annotationen. So können Textabschnitte der Anforderungsbeschreibung selektiert und mit einem anderem Element verknüpft werden, bspw. einem Attribut. Diese Relation wird durch zwei gegenseitige Links in den jeweiligen Elementen dokumentiert.

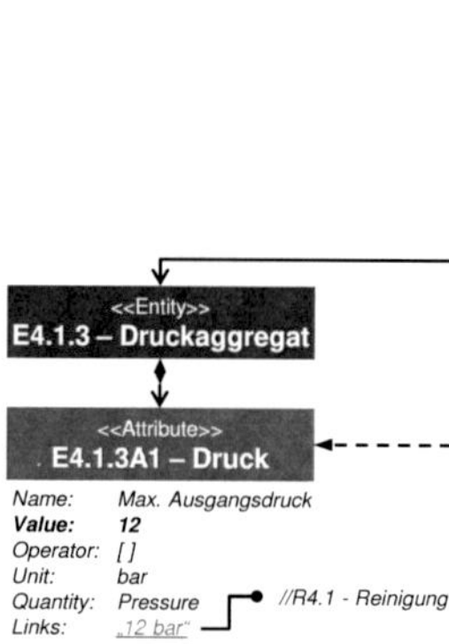

Abbildung 5.9: Nutzung von HTML-Annotationen in Anforderungspezifikationen von IML
Using HTML-Annotations in Requirement Specifications of IML

5.3.4 Design Alternativen

Design Alternatives

Anforderung 4.5 folgend werden *Design Alternatives* für die Modellierung unterschiedlicher technischer Lösungsalternativen von Systemfähigkeiten eingeführt, Abbildung 5.10.

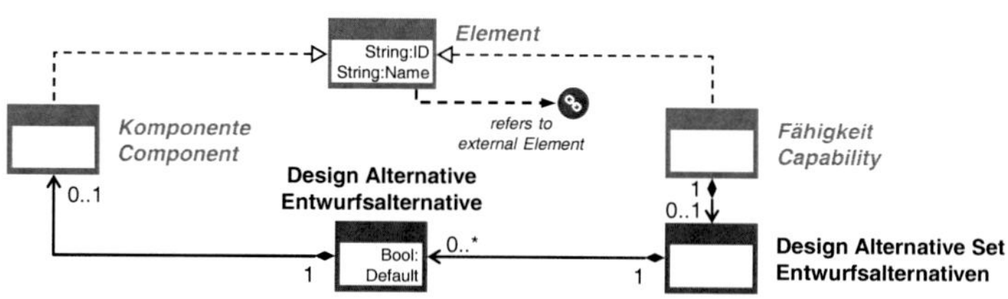

Abbildung 5.10: *Design Alternativen* in IML
Design Alternatives in IML

Ein *Design Alternatives Set* kann dazu mehrere *Design Alternatives* enthalten, denen wiederum ein *Function Owner* als Wurzelelement für die Detaillierung der technischen Alternative gemäß des Modellierungsparadigmas angefügt werden kann.

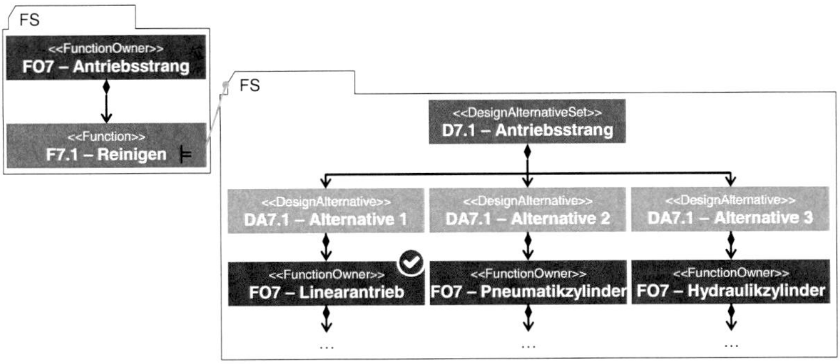

Abbildung 5.11: Modellierung unterschiedlicher Entwurfsalternativen für die Implementierung eines Antriebsstrangs
Modeling different Design Alternatives for the Implementation of a Drive Train

Die Darstellung der Lösungsalternativen findet in einer separaten FS, eingebettet im zugehörigen Function-Element statt. Die favorisierte Lösungsalternative kann durch ein boolsches Attribut als *Default Solution*, hier als ✓ dargestellt, markiert werden, sodass Designentscheidungen – sowohl für als auch gegen spezifische Lösungsalternativen – auch nach Abschluss des Entwicklungsprojekts nachvollziehbar sind. Abbildung 5.11 zeigt die exemplarische Nutzung von *Design Alternatives*.

5.3.5 Prozesse

Processes

Systemfähigkeiten beschreiben abstrakte Verhaltenspotentiale eines Systems, die in unterschiedlicher Art und Weise eingesetzt werden können, vgl. Abbildung 4.9 sowie die *Function*-Definition auf S. 70. So kann bspw. die **Fähigkeit** *Werkzeug wechseln* der Wechseleinrichtung einer Werkzeugmaschine für die Ausführung spezifischer **Abläufe**, wie *Einsetzen*, *Entfernen* oder *Wechseln* eines Werkzeuges, verwendet werden.
Für die Modellierung dieser **konkreten, ausführbaren Implementierungen** einer abstrakten Systemfähigkeit wird in IML das Modellelement *Process* eingeführt, Abbildung 5.12.

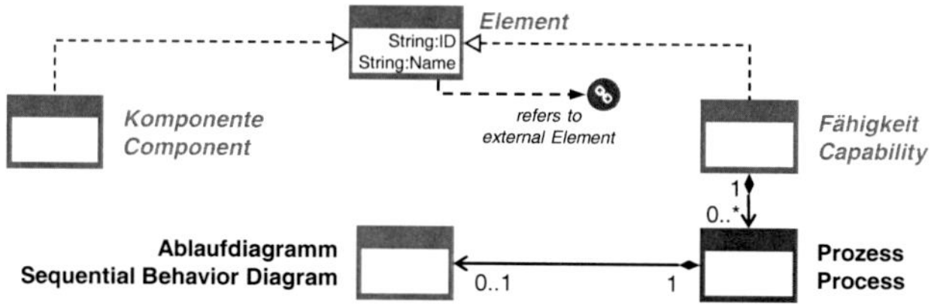

Abbildung 5.12: *Processes* als konkrete Implementierungen einer *Function*
Processes as specific Implementations of a Function

Processes bilden somit die Grundlage für die Modellierung modularer Ablaufbeschreibungen, die, analog zur iterativen Verfeinerung des Architekturmodells, ebenfalls von globalen bzw. abstrakten Abläufen hin zu abgegrenzten, modularen Basisabläufen detailliert werden. Die domänenübergreifende Formulierung konkreter Systemabläufe auf Basis von Systemfähigkeiten soll hierbei zusätzlich die Etablierung eines gemeinsamen Systemverständnisses stärken.
Der konkrete Ablauf eines *Process* wird jeweils durch ein SBD beschrieben, vgl. Kapitel 5.5. Diese stellen dann wiederum den Ausgangspunkt für die spätere Simulation und Code-Implementierung eines Ablaufs bspw. als ausführbare Automatisierungssequenz dar.

5.4 IML-Diagramm: Wirkstruktur

IML Diagram: Interaction Structure

Interaction Structure (IS): *Die IS dient zur Modellierung* ***statischer,***[2] ***physikalischer Wirkprinzipien*** *und* ***signalorientierten Kommunikationsstrukturen*** *auf Basis energetischer, informationstechnischer Interaktionen sowie von Materialflüssen (Flow-Port Tupel).*
Das komponentenspezifische Portprofil definiert die Befähigung der Komponente zur Interaktion mit seiner Umgebung und der Transformation verknüpfter Flüsse. Es dient als Basis für konsekutive Wirkstruktursimulationen, Kompatibilitätsprüfungen von Komponentenentwürfen und als Anforderungsbeschreibung für die Implementierung erforderlicher Schnittstellen.

IS-Diagramme basieren strukturell auf Bond-Graphen, vgl. Kapitel 2.3.4, wobei die Komponenteninteraktionen durch unidirektionale Assoziationen (*Flows*) beschrieben werden, welche die direktionalen *Ports* zweier Komponenten verbinden, siehe exemplarisch Abbildung 5.13 unten. Typisierte *Flow-Effort*-Tuple spezifizieren hierbei die Energie-, Material- oder Informationsübertragung, vgl. Tabelle 2.2

[2] *Statisch* definiert hier eine permanente Verbindung, die in beliebigen Zeitsequenzen aktiv sein kann

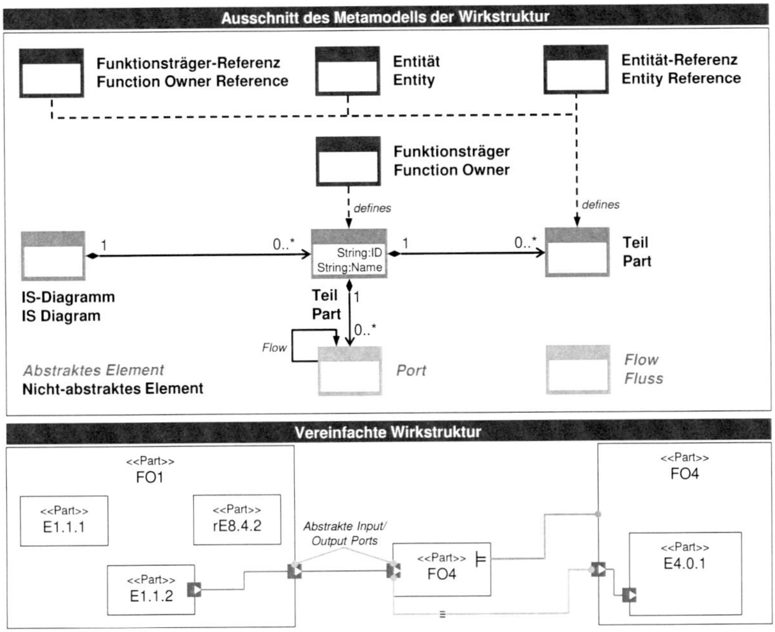

Abbildung 5.13: Aufbau der Interaction Structure (Ausschnitt des Metamodells). Definition der IS-Basisstrukturelemente
Structure of the Interaction Structure (Metamodel Extract). Definition of basic structural IS Elements

Für die Modellierung der IS-Komponentenstrukturen stehen *Parts* zur Verfügung, die eine *FS-Component* (*Function Owner* und *Entity*) repräsentieren. Diese können in einem IS-Diagramm nebeneinander und einfach[3] verschachtelt modelliert werden, wobei die Verschachtelung strikt dem Aufbau der Functional Structure folgen muss. Das äußere *Part* wird stets als *Function Owner* modelliert, während die in der FS unmittelbaren Kindelemente eines *Function Owner* (*Entity*, *Reference Entity* und *Function Owner Reference*) und dessen *Functions* (ID-Scope eines *Function Owner*) die inneren *Part*-Elemente bilden.

Analog zur FS, ist die Einbettung von IS-Diagrammen in *Parts* zur verbesserten Lesbarkeit und Modularisierung ebenfalls möglich.

[3]Maximale Verschachtelungstiefe = 1

Functions stehen in der IS hingegen nicht zur Verfügung, da sie keinen Beitrag zur stark komponentenorientierten Systemperspektive beitragen.

Die entsprechende formale 4-Tupel Grammatik $G_{IS} = (N, V, S, P)$ nach CHOMSKY lautet für die Interaction Structure folgendermaßen, wobei P Part, PO Port sowie op, ip Outer und Inner Part, rE, rFO Entity und Function Owner Reference darstellen:

Alphabet	*Terminale*	$T = \{P, PO, FO, E, rE, rFO, (,)\}$
Variablen	*Nicht-Terminale*	$V = \{op, ip\},\ T \cap V = \varnothing$
Startsymbol	*Axiom*	$S ::= op \in V$
Produktionsvorgaben	*Regeln*	$P = \{op \rightarrow FO\ op \mid FO(ip) \mid \epsilon;$ $FO \rightarrow FO(ip);$ $ip \rightarrow E\ ip \mid rE\ ip \mid rFO\ ip \mid PO\ ip \mid \epsilon\}$

Die grammatikalische Notation des exemplarischen IS-Modells aus Abbildung 5.13 lautet dementsprechend:

$$IS = FO\big(E\ rE\ E(PO)\ PO\big)\ FO\big(E(PO)\ PO\big)$$

5.4.1 Ports und Flüsse

Ports and Flows

Ports modellieren die Befähigung von Komponenten oder Anlagenteilen zur Interaktion mit ihrer Umgebung und spezifizieren die (externe) Schnittstelle einer Komponente. Hierzu stehen dem Modellierenden jeweils ein informationstechnischer und materialflussbezogener sowie fünf energetische Porttypen zur Verfügung, Abbildung 5.14.

Ports können innerhalb der Komponentenentwicklung entweder dazu verwendet werden, um die Kompatibilität zu verknüpfender *Part*-Entwürfe oder -Templates zu validieren und somit eine frühzeitige Prüfung des Architekturentwurfs durchzuführen (Bottom-Up-Ansatz). Im anderen Fall kann der Modellierende zunächst anforderungsorientiert das erforderliche (äußere) Portprofil eines *Parts* definieren, ohne die interne technische Realisierung näher zu spezifizieren (Top-Down-Ansatz). Filterroutinen können anschließend automatisiert passende technische Realisierungen resp. Komponentenstrukturen aus Bibliotheken auf Basis des Portprofils und der semantischen Bezeichner anbieten.
Hierzu können *Ports*, analog zu *FS-Components*, via *Attributes* und *Status* detailliert spezifiziert werden, bspw. eines elektrischen Analogeingangs durch Zuweisung einer max. Leistungsaufnahme, Eingangsspannung, Strombelastbarkeit etc.

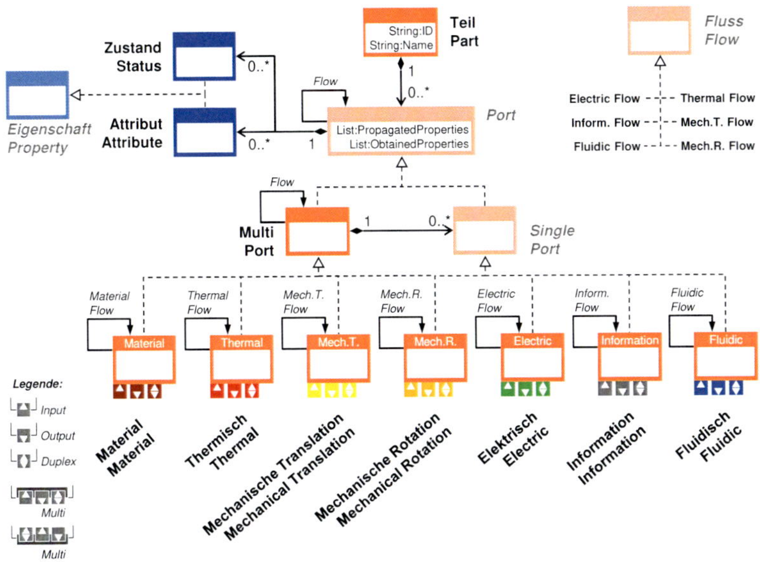

Abbildung 5.14: Porttypen der Interaction Structure (IS)
Port Types of the Interaction Structure (IS)

IML unterscheidet zwischen zwei Porttypen: Singuläre Verbindungen zwischen zwei Komponenten werden mittels **Single-Ports** (kurz: Port) modelliert, während **Multi-Ports** zur Aggregation mehrerer, typgleicher (Sub)Ports genutzt werden können.
Port-Tupel können jeweils durch einen entsprechenden unidirektionalen *Flow* verknüpft werden. Jeder *Port* kann dabei maximal zu einem Element auf gleicher sowie einer anderen Verschachtelungsebene verbunden werden (insgesamt max. zwei Flussverbindungen je *Port*). Die Richtungsindikatoren *Input* △, *Output* ▽, *Duplex* ◇ beziehen sich stets auf das part**externe** Verhalten[4].

Die Konvention zur Verknüpfung von *Ports*, Abbildung 5.15, sieht vor, dass diese auf gleicher Verschachtelungsebene nur als Input-Output-Tuple (A) verknüpft werden dürfen, während eingehende oder ausgehende Verbindungen aus einem *Part* (B) mit richtungsgleichen *Ports* (bspw. Output-Output-Tuple) modelliert werden müssen. Dabei ist zu beachten, dass *Flows* nie direkt über eine *Part*-Grenze hinweg, sondern nur über *Ports* (C) verbunden werden können. Zur Vereinfachung der Syntax werden hierzu keine zusätzlichen Proxy- bzw. Transitports eingeführt.

[4]Multi-Ports sind standardmäßig stets vom Typ Duplex

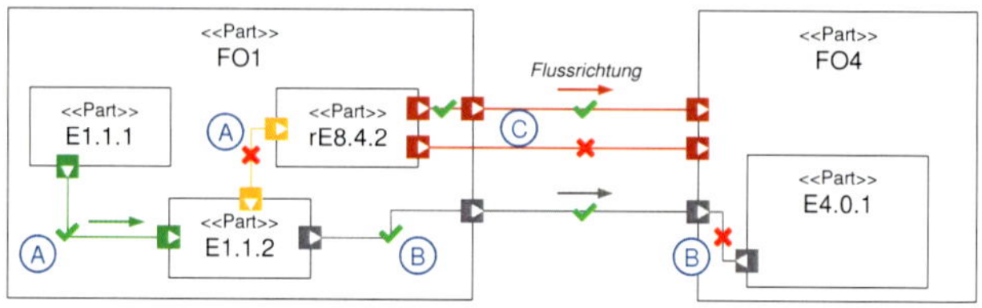

Abbildung 5.15: Konventionen zur Verknüpfung von *Single-Ports* (kurz: *Port*)
Convention for Linking Single-Ports (Port)

Um die statischen Ein- und Ausgaben von *Ports* zu spezifizieren, verfügen diese über die Attribute *Propagated* und *ObtainedProperties*. Demnach können mehrere *Properties* eines *Ports* als *propagated* definiert werden, sodass diese, im Sinne einer mechatronischen Verkettung, über alle verbundenen *Ports* hinweg propagiert werden, Abbildung 5.16.

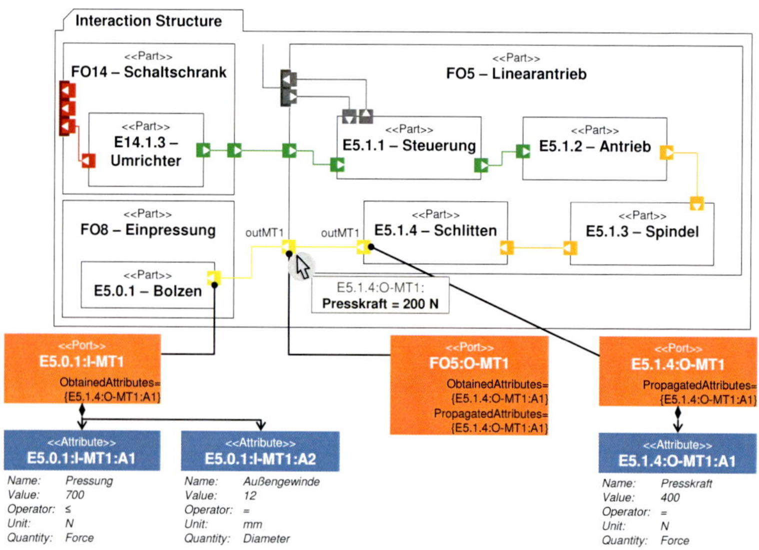

Abbildung 5.16: *Propagated* und *Obtained Attributes*
Propagated and Obtained Attributes

Die jeweiligen *Attributes* aller Zwischenports sowie des abschließend empfangenen Input-Ports können dann zur Validierung der spezifizierten Wirkkette genutzt werden. Im Beispiel muss dazu im *Port* E5.0.1:I-MT1[5] ein Mapping auf Basis der *Quantity*-Typen erfolgen, sodass ein Abgleich der propagierten E5.1.4:O-MT1:A1-Presskraft (Quantity: *Force*) und des eigenen Attributs E5.0.1:I-MT1:A1-Pressung möglich ist. Wurden für diesen *Port* mehrere *Force-Attributes* definiert, so kann zur Dokumentation des Validierungstupels dem *Attribute* Pressung ein Link auf das *Attribute* Presskraft hinzugefügt werden.

5.4.2 Multi-Ports

Multi Ports

Multi-Ports dienen zur logischen Bündelung und Replikation typgleicher *Flows*. Sie wirken zur geschlossen Seite als Aggregation aller *Sub-Flows* zu einem *Multi-Flow* (Multiplexing) und zur Seite der *Sub-Ports* hin als Dekomposition bzw. Aufspaltung des *Multi-Flow* in mehrere, parallele *Sub-Flows*. Dies ermöglicht die Modellierung von elektrischen Reihenklemmen, kombinierten Datenverbindungen zu Busstrukturen, Rohrverzweigungen etc.
Hierbei muss jedoch aufgrund der unterschiedlichen Wirkprinzipien zwischen energetischen sowie materialflussbezogenen *Multi-Ports* und informationstechnischen *Multi-Ports* unterschieden werden.

Energetische und materialflussbezogene Multi-Ports:
Am Beispiel einer elektrischen Verteilerklemme lässt sich das Prinzip des *Multi-Ports* einfach veranschaulichen, Abbildung 5.17.
Der *Multi-Port* repräsentiert dabei die Summe aller Einzelklemmen (Single-Ports) als ein Knotenpunkt[6], wobei der Effort $e(t) = u(t)$ (*Quantity: Voltage*) für alle verbundenen Flows identisch sein muss (Validierung auf Basis der *obtained* und *propagatedAttributes*). Hierzu ist es möglich, dem *Multi-Port Attributes* zuzuweisen, welche dann automatisch als *obtainedAttributes* in allen *Sub-Ports* registriert werden, vgl. *OutputPortElectric* FO7:MP-E:O-E1. Weitere *Sub-Ports-Attributes* können zusätzlich zur erweiterten Definition der kanalspezifischen Ausgangsspezifikation (*propagatedAttributes*) genutzt werden.

Die verbundenen *Flows* des Knotenpunkts repräsentieren die angeschlossenen Energiequellen und -senken. Die vorzeichenbehaftete Summierung aller Flow-Variablen $f(t) = \sum i(t)$ (*Quantity: Current*) ermöglicht eine anschließende Prüfung bspw. der Kompatibilität aller angeschlossenen elektrischen Lasten (Frequenz, AC/DC, Max. Störspannungsimpulse etc.) und der ausreichenden Kapazität der Spannungsquelle(n) (Max. Ausgangsstrom, -leistung).
Diese Beziehungen sind analog auf die anderen energetischen Port-Typen sowie den Materialfluss-Port (diskrete und kontinuierliche Stoffströme) zu übertragen.

[5] Die Portnotation E5.0.1:I-MT1 bedeutet, dass dieser Port ein MechanicalTranslation-Input-Port (I-MT) der Entity E5.0.1 ist. Ein Output-Port wird hingegen als O-MT bezeichnet.
[6] Vgl. Knotenpunktsatz (*Kirchhoffschen Regeln*) der Analogen Schaltungstechnik

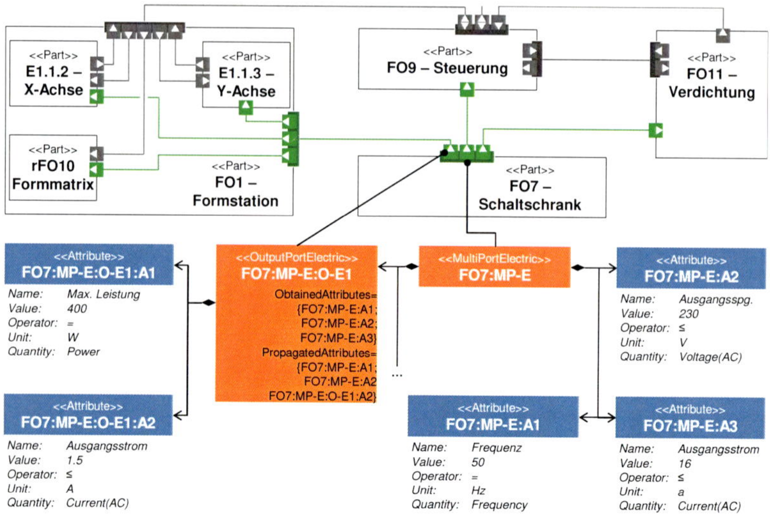

Abbildung 5.17: *Attribute*-Propagierung energetischer *Multi-Ports*
Attribute Propagation of energetic Multi Ports

Informationstechnische Multi-Ports:
Die Auslegung von Software-Interfaces und der statischen, signalorientierten Datenübertragung erfolgt auf Basis informationstechnischer *Multi-Ports*. Diese ermöglichen sowohl die Bündelung mehrerer Datensignale (Modellierung von Buskommunikation), als auch Multi- und Broadcast-Mechanismen bspw. für sicherheitstechnische Signale (Notaus), Abbildung 5.18.

Das Beispiel zeigt den Datenaustausch einer FO9-Anlagensteuerung und des Motortreibers der X-Achse E1.1.2. Der interne Positionsregler[7] der X-Achse sendet die aktuelle Istposition der X-Achse über einen *Output-Port-Tuple* an einen *Multi-Port*[8], welcher alle eingehenden Datensignale gebündelt an die Steuerung als Bussignal weiterleitet.
Über die gleiche Verbindung erfolgt am *InputPort-Information* von E1.1.2 der Empfang einer Sollposition sowie des Broadcast-Signals Notaus aus dem *Duplex-Information Sub-Port* des *Multi-Ports* der Steuerung. Hierbei wurde der durch den *Sub-Port* FO9:MP-I:D-I1 automatisch als *obtainedAttribute* registrierte *Status* Notaus (Attribute des *Multi-Ports*) durch den Modellierenden als *propagatedAttribute* definiert.

[7]Der Positionsregler ist in diesem Fall ein Zukaufteil, weswegen keine Modellierung des internen Aufbaus erfolgt

[8]Hinweis: *Multi-Ports* sind standardmäßig vom Typ *Duplex*

Die individuelle Definition jedes Port-Interfaces erlaubt somit die komponentenspezifische und signalorientierte Modellierung der Datenübertragung und somit die Spezifikation von Datenschnittstellen für die spätere Implementierung.

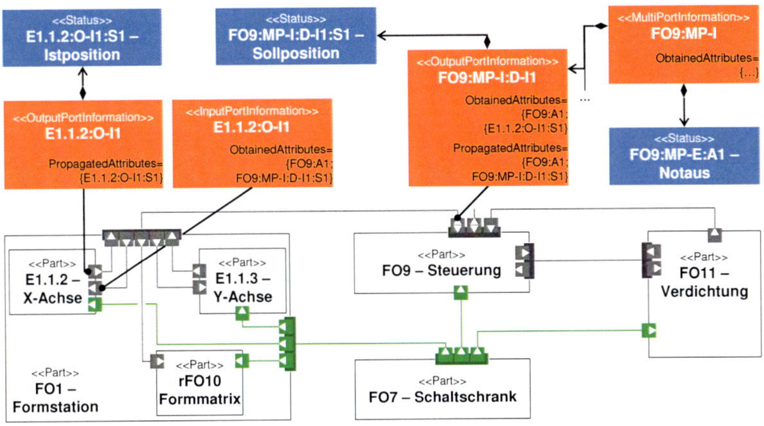

Abbildung 5.18: *Attribute*-Propagierung informationstechnischer *Multi-Ports*
Attribute Propagation of information Multi Ports

5.5 IML-Diagramm: Ablaufdiagramm

IML Diagram: Sequential Behavior Diagram

Sequential Behavior Diagram (SBD):
Die Spezifikation eines zu implementierenden Maschinenverhaltens erfolgt durch die Modellierung sequentieller Abfolgen modularer Aktionen in SBDs. Jede Aktion ist dabei direkt einem ausführenden Function Owner zugeordnet, wodurch implizit die Menge aller am Ablauf beteiligten Komponenten (Funktionsstrang) definiert ist.

Das SBD-Diagramm ist als spezifische Weiterentwicklung einer *zustandsorientierten* Ablaufbeschreibung, basierend auf SysML-Aktivitätsdiagrammen [OMG17], der flussorientierten Darstellung der Funktionsstruktur nach FELDHUSEN ET AL. [FELD13a], sowie der Ablaufsprache nach IEC 61131-3 [DIN 14], für die produktionstechnische Domäne konzipiert. Aufbauend auf den Anforderungen aus Kapitel 4 sind hierzu die im Folgenden beschriebenen Präzisierungen vorhandener Sprachelemente sowie syntaktische Erweiterungen und Neuentwicklungen erarbeitet worden, Abbildung 5.19.
Ein SBD-Diagramm beschreibt ein *ausführbares* Verhalten des Systems (*Process* der FS), siehe Kapitel 5.3.5, als eine konditionale Schrittkette von *Actions*. Ein IML-Projekt enthält demnach typischerweise eine Vielzahl von SBD-Diagrammen.

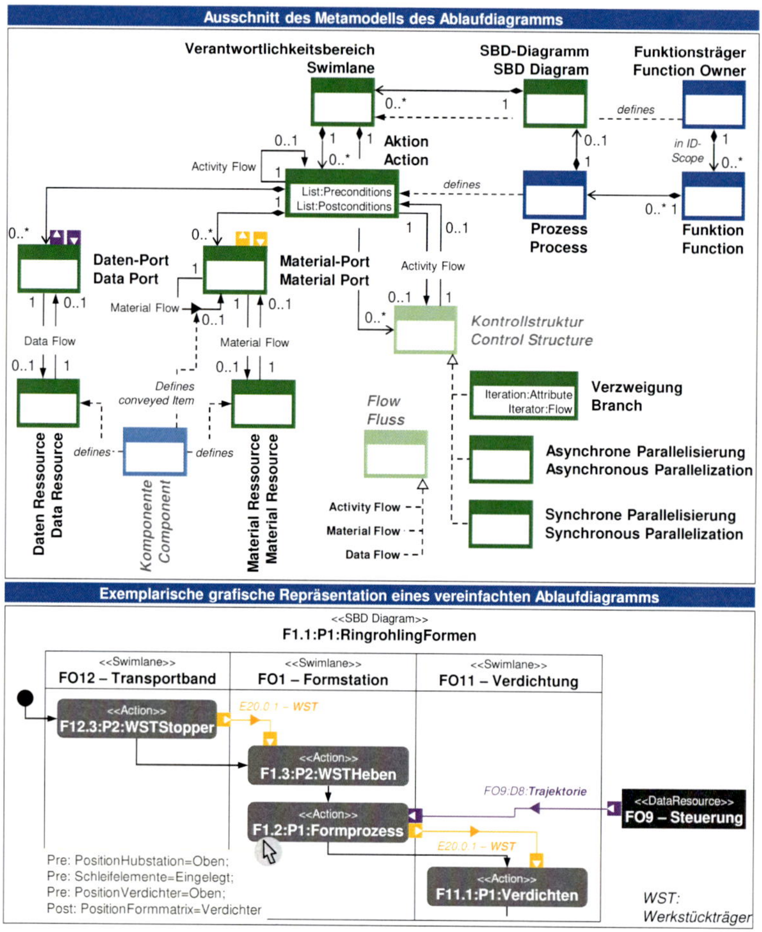

Abbildung 5.19: Ausschnitt des Metamodells des Sequential Behavior Diagram (SBD) sowie eine exemplarische grafische Repräsentation ohne *ControlStructures*
Metamodel Extract of the Sequential Behavior Diagram (SBD) as well as an exemplary grafical Representation without ControlStructures

Die entsprechende formale 4-Tupel Grammatik $G_{SBD} = (N, V, S, P)$ nach CHOMSKY lautet für das Sequential Behavior Diagram folgendermaßen, wobei die Symbole I Initialisierung, E Ende, A Action, BR Verzweigung und AP, PP (A)synchrone Parallelisierung darstellen sowie $>$ sequentielle bzw. : parallele Abläufe und $elem^*$ eine Elementreferenz (für Verzweigungen).

Alphabet	*Terminale*	$T = \{I, E, A, BR, AP, PP\}$
Variablen	*Nicht-Terminale*	$V = \{elem\},\ T \cap V = \varnothing$
Startsymbol	*Axiom*	$S ::= I > elem$
Produktionsvorgaben	*Regeln*	$P = \{elem \to A > elem \mid E \mid \epsilon;$ $elem \to PP(elem : elem) > elem;$ $elem \to AP(elem : elem) > elem;$ $elem \to PP() > elem \mid AP() > elem;$ $elem \to BR(elem : elem) \mid elem^* \}$

Jede *Action* selbst stellt einen abgeschlossenen Ablauf bzw. Handlung einer Anlagenkomponente dar, deren initiale Ausführungsbedingungen sowie die verursachte Veränderung des Systemzustands (Impact) durch *Pre and Postconditions* mittels boolscher Ausdrücke unter Verwendung der *FS-Status*-Variablen beschrieben werden, Kapitel 5.5.1.
Preconditions beschreiben dabei die obligatorischen validen Systemzustände (Startbedingungen), die zum Zeitpunkt der Aktivierung (bzw. des Zustandswechsels) dieser *Action* zutreffen müssen, während *Postconditions* alle (obligatorisch) zu erreichenden Zielzustände beschreiben, die für das Ende der Ausführung und den möglichen Wechsel zur nächsten Action zutreffen müssen. Ein Zustandswechsel zwischen zwei Actions findet daher nur statt, wenn die Postcondition der aktuell aktivierten Action und die Precondition der nachfolgenden Action zeitgleich wahr bzw. valide sind.
Der Ablauf einer Action kann wiederum entweder durch ein internes SBD-Diagramm (Diagrammverschachtelung) oder ausschließlich durch die Ausführungsbedingungen spezifiziert sein. In diesem Fall stellen diese eine direkte Anforderungsbeschreibung (*Überführung des Systems von einem Start- in einen Zielzustand*) für die spätere (Programm)implementierung dar.
Zur Modellierung sequentieller Abläufe werden initial die am Ablauf beteiligten verhaltensimplementierenden Komponenten (*Function Owner*) ausgewählt und als *Swimlanes* instanziiert. Alle im Bereich einer Swimlane befindlichen Objekte sind durch die zugehörige *Component* (*Swimlane*-Header) auszuführen respektive zu implementieren (*Verantwortungsbereich*).
Anschließend erfolgt die Erstellung von *Actions*, deren Verhalten jeweils durch einen *Process* spezifiziert sind. Der *Process* einer *Action* muss dabei einer *Function* entstammen, die ein direktes Kindelement des jeweiligen *Swimlane*-Header ist (ID-Scope des *Function Owner*).

Der logische Ablauf wird durch Kontrollstrukturen und -flüsse definiert, Kapitel 5.5.2, während material- und datentechnische Interaktionen durch *Data* und *MaterialPorts* beschrieben werden, Kapitel 5.5.3.

5.5.1 Logische Bedingungen

Logic Conditions

Die Ausführungsbedingungen einer einzelnen Action, der Material- und Datenflüssen, als auch die Ablauflogik der gesamten Schrittkette sind durch logische Aussagen (Boolsche Gleichungen) zu beschreiben.
Um jedoch eine freitextuelle Formulierung (*Strings*) und somit für spätere Modelltransformationen nicht-weiterverwendbare Beschreibung zu vermeiden, stehen dem Modellierenden *Logic Conditions* zur Verfügung, die eine formale und modellkonsistente Spezifikation ermöglichen.
Logic Conditions (LC) aggregieren eine Vielzahl von *Logic Expressions* (LE) sowie weitere *Logic Conditions*, die über logische *Operatoren* $o = \{OR, AND, XOR\}$ und eine Invertierung $i = \{NOT, 1\}$ verknüpft sind. Die Verschachtelung ermöglicht die Formulierung komplexer boolscher Gleichungen, die direkt mit dem Modell synchronisierbar sind.

Alphabet	*Terminale*	$T = \{LE, NOT, OR, AND, XOR, (,)\}$
Variablen	*Nicht-Terminale*	$V = \{lc, le, o, i\},\ T \cap V = \varnothing$
Startsymbol	*Axiom*	$S ::= lc \in V$
Produktionsvorgaben	*Regeln*	$P = \{lc \rightarrow i\ o(le) \mid \epsilon;$ $le \rightarrow lc,\ le \mid LE,\ le \mid LE,\ lc \mid \epsilon;$ $o \rightarrow OR \mid AND \mid XOR;$ $i \rightarrow NOT \mid \epsilon;\}$

Die Notation einer exemplarischen *Logic Condition* und deren entsprechende boolschen Gleichung lautet folgendermaßen, wobei LE_1 und LE_2 jeweils unterschiedliche Aussagen beschreiben:

$$LC = NOTAND\big(OR(LE_1, LE_2), NOTAND(LE_1, LE_2)\big) \mathrel{\hat{=}} \overline{(LE_1 + LE_2) \cdot \overline{LE_1 \cdot LE_2}}$$

Eine beispielhafte *Logic Expression* lautet $LE = \{\text{Sicherheitstür} = \text{Zu}\}$.
Die folgende Abbildung 5.20 zeigt den Ausschnitt des Metamodells zu *Logic Conditions.*

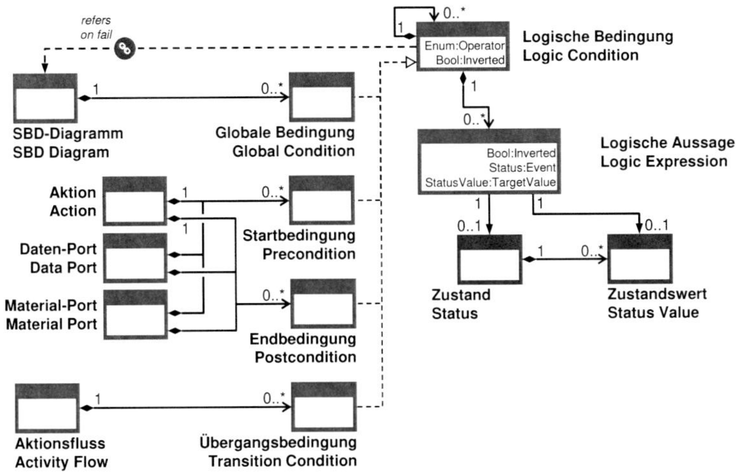

Abbildung 5.20: Aufbau einer *Logic Condition* und deren unterschiedlichen Typen
Structure of a Logic Condition and its different Types

Während *Pre-* und *Postconditions* die Ausführungsbedingungen einer Action definieren, spezifizieren *Global Conditions* Bedingungen, die während der gesamten Ausführung des jeweiligen SBD-Ablaufs und in deren Actions eingebetteten SBDs gelten müssen, wodurch sich diese über mehrere Verschachtelungsebenen hinweg aggregieren.
Transition Conditions beschreiben hingegen Bedingungen, die für einen Zustandswechsel zwischen zwei verbundenen SBD-Elementen gelten müssen, vgl. Abbildung 5.21. Sie finden insbesondere Anwendung im Kontext von *Control Structures*, Kapitel 5.5.2.

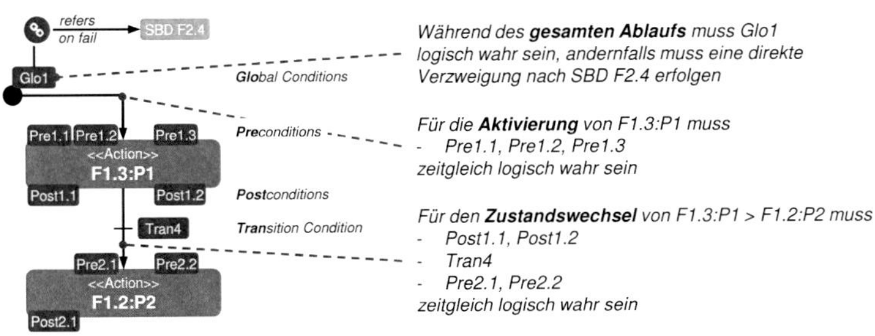

Abbildung 5.21: Rolle von *Logic Conditions* bei Aktivierung und Wechsel zwischen *Actions*
Purpose of Logic Conditions in Activating and Changing between Actions

Stehen *Logic Conditions* im Widerspruch zueinander, kann dies mittels einer Online-Ablaufvalidierung dem Modellierenden direkt in einem Autorenwerkzeug angezeigt werden, ohne dass er dazu den Modellierungskontext verlassen muss [KAUT18].

Zusätzlich ist es möglich die individuelle Fehlerbehandlung von Ablauffehlern (Error Handling), wie dem Fehlschlagen einer *Global Condition* während eines Ablaufs oder dem Nicht-Eintreten von *Pre-* bzw. *Postconditions* einer *Action* (und dem damit unerwünschten Verharren in einem Systemzustand), zu spezifizieren. Der Modellierende kann somit für zu erwartende Ablauf- oder Bedienungsfehler[9] die jeweilige Fehlerbehandlungsmethode beschreiben.
Hierzu kann jede *Logic Condition* mit einem SBD verlinkt werden, in dem wiederum eine angepasste Fehlerbehandlungsmethode, wie das Zurückführen in einen stabilen Maschinenzustand, modelliert ist. In diesem Fall entfällt auch die Übertragung der *Global Conditions* des fehlerbehafteten SBD.

5.5.2 Kontrollstrukturen

Control Structures

Die in Abbildung 5.22, 5.23 benannten Kontrollstrukturen dienen zur Modellierung von nebenläufigen Prozessen (Parallelisierungen), konditionalen Verzweigungen und Schleifen innerhalb einer Ablaufsequenz. Diese wurden in Anlehnung an das UML-Aktivitätsdiagramm entworfen [OMG17].
Für die Parallelisierung von Abläufen stehen *Synchronous Parallelizations* zur Verfügung, die sowohl zur Initialisierung (1 Eingang, n Ausgänge), als auch Terminierung (n Eingänge, 1 Ausgang) paralleler Prozesse zu nutzen sind. Für beide Fälle gilt dabei, dass erst nach der erfolgreichen, zeitsynchronen Validierung *aller* Übergangsbedingungen, vgl. Abbildung 5.21, die nachfolgenden n Sequenzen *zeitgleich* initialisiert bzw. terminiert werden. [FLEN19]
Darüber hinaus ermöglichen *Asynchronous Parallelizations* die Modellierung asynchroner, nebenläufiger Sequenzen. Anders als im synchronen Fall werden hierbei die Übergangsbedingungen eines jeden Abgangs *individuell* validiert und nach erfolgreicher Validierung sofort aktiviert. Alle noch inaktiven Abgänge werden nach der ersten Initialisierung weiterhin kontinuierlich validiert bis alle n Abgänge aktiviert sind – unabhängig vom Fortschritt der bereits aktivierten Abzweigungen.

[9] Beispiel: Wiederanlauf der Maschine nach einer Unterbrechung der Sicherheitslichtschranke, Überschreitung eines Positions-, Geschw. oder Temperatur-Schwellwerts etc.

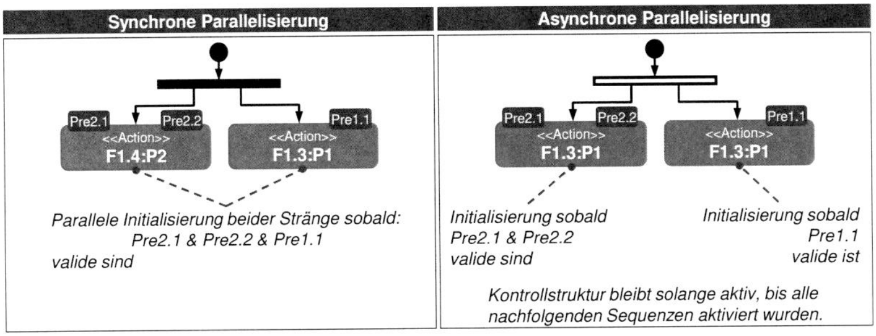

Abbildung 5.22: Synchrone und Asynchrone Parallelisierung, nach [FLEN19]
Synchronous and Asynchronous Parallelizations acc. to [FLEN19]

Zur Terminierung paralleler Sequenzen (Beendigung nebenläufiger Prozesse) erfolgt eine Zusammenführung von n *Activity Flows* auf einen Ausgang, wobei analog alle n Übergangsbedingungen erfüllt sein müssen.

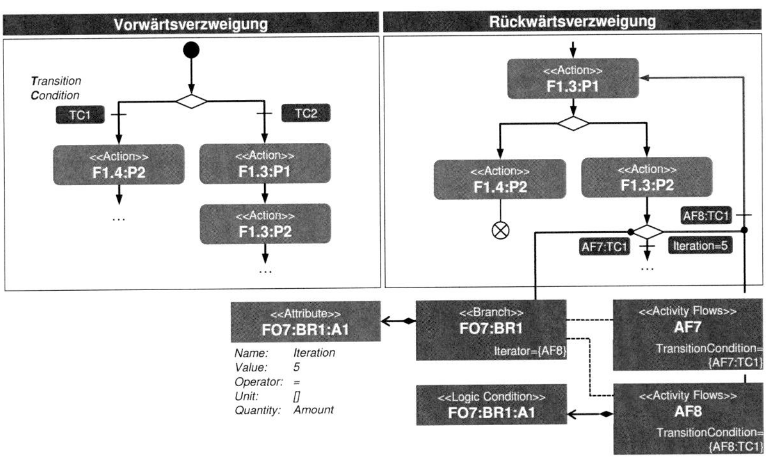

Abbildung 5.23: Vorwärts- und Rückwärtsverzweigung
Forward and Backward Branching

Konditionale Verzweigungen wie in Abbildung 5.23 werden hingegen durch *Branches* modelliert, die stets von einem eingehenden *Activity Flow* auf n weitere *Flows* verzweigen. Die individuellen Übergangsbedingungen eines *Flows* werden als *Transition Conditions* formuliert und diesem direkt zugewiesen, vgl. Abbildung 5.20. Branches ermöglichen damit die Erstellung von Entscheidungspunkten (*Vorwärts*verzweigung) und Schleifen (*Rückwärtsverzweigung*), wobei stets die logisch eindeutige Formulierung der konkurrierenden *Transition Conditions* durch den Modellierenden sicherzustellen ist.

In der Kombination der genannten Kontrollstrukturen ist nach DIJKSTRA die Verwendung von *go-to statements* zu vermeiden, die zu einer Vervielfältigung von Aktivitätszuständen und in der Konsequenz zu „arbitrary process sequences“ führen können [DIJK68, S. 1]. So ist der in Abbildung 5.24 dargestellte Rücksprung aus der parallelen Sequenz heraus nicht gestattet, da dies entweder eine wiederholende Aktivierung der parallelen Sequenzpfade (multiple Initiierung von *F1.4:P1* ohne korrekte Beendigung derselben), oder der Verschiebung paralleler Maschinenaktivitätstokens auf einen Pfad bewirken kann. Hingegen ist der Rücksprung innerhalb eines Pfades erlaubt, da so weiterhin die korrekte Terminierung der parallelen Sequenz sichergestellt ist. Die anzuwendende Faustregel besagt daher, dass *Rücksprünge über eine Kontrollstruktur hinweg stets zu vermeiden sind.*

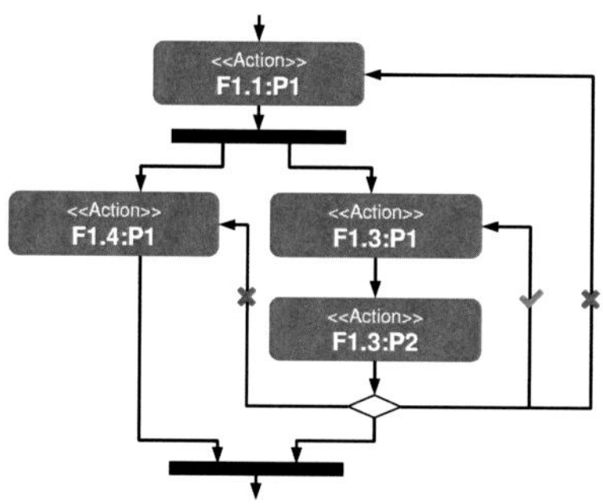

Abbildung 5.24: Konventionen zur Erstellung von Kontrollstrukturen
Conventions for the Definition of Control Structures

Die Spezifikation zur Implementierung und Ausführung von Kontrollstrukturen durch eine Steuerungseinheit erfolgt in der grafischen Notation durch die Zuordnung der Modellelemente entweder innerhalb einer *Swimlane* (Ausführung durch die *Swimlane-Component*) oder außerhalb (Ausführung durch den zugehörigen *Function Owner* des *Processes* des *SBD-Diagrams*).

5.5.3 Daten- und Materialflüsse

Data and Material Flows

Die Modellierung material- und datentechnischer Interaktionen von *Components* erfolgt auf Basis von Flows und Ports, vgl. Abbildung 5.19. Als Quellen und Senken einer solchen Interaktion stehen *Material* und *DataRessources* sowie die entsprechenden *Action-Ports* zur Verfügung, welche durch die Zuweisung einer *Component* typisiert werden. Das transportierte Element (Material: *Component*), (Data: Zustände (*Status*), Binärdaten[10]) wird durch das dem Flow zugewiesene *conveyedItem* spezifiziert. Einen exemplarischen Ablauf zeigt Abbildung 5.25.

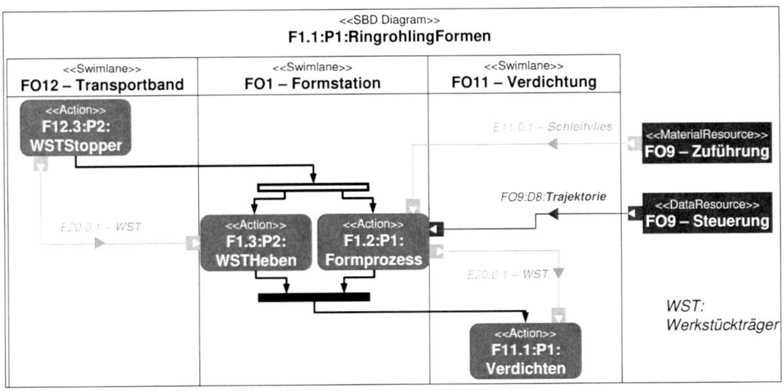

Abbildung 5.25: Kombinationen von Kontrollstrukturen
Combinations of Control Structures

Im Gegensatz zu *Information Flows* der *Interaction Structure* beschreiben *Material* und *Data Flows* **ereignisdiskrete** Interaktionen, deren Initiierung (*Output-Port*) bzw. Beendigung (*Input-Port*) durch logische Bedingungen (*Pre* und *Postconditions*) spezifiziert werden, vgl. Abbildung 5.20. Diese sind insbesondere für die steuerungstechnische Validierung materialtechnischer Interaktionen von Bedeutung, da somit *Action*-spezifisch die auszuwertende Sensorik und deren Signale für die spätere Implementierung definiert wird.

[10] Binärdaten: Bilder, IDs (bspw. RFID, Barcode), Datensätze (bspw. Trajektorie) etc.

5.5.4 Parametrisierung von Actions

Parameterization of Actions

Um die kontextspezifische Ausführung von *Actions* mittels individualisierter Prozessparameter zu definieren stehen dem Modellierenden *Action Parameter* [P] zur Verfügung. Der Parameter wird durch eine Variable (*Status*) typisiert, wobei diesem *Action*-spezifisch ein numerischer Wert oder ein *StatusValue* zugewiesen werden kann, Abbildung 5.26. Die Wertzuweisung ist dabei für die volle Ausführungsdauer der *Action* gültig.

Das Hinzufügen eines neuen *Action Parameter* zu einer *Action* führt dabei zu einer Registrierung der Zielvariablen (*Status*) im zugehörigen *Process*. Damit können alle typgleichen *Actions* ebenfalls (ggf. rückwirkend) mit dem gleichen *Parameter* ausgestattet werden.

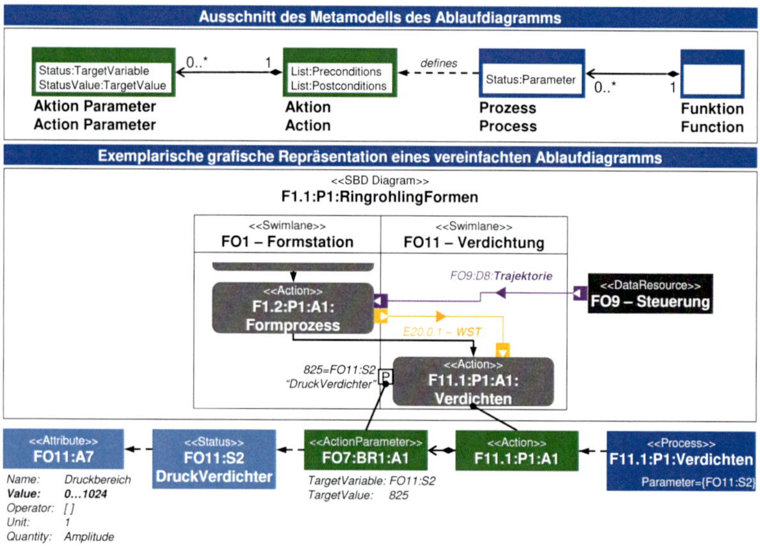

Abbildung 5.26: Action Parameter in SBDs
Action Parameter in SBDs

6 Methodische Instrumente für die Sprachimplementierung

Methodological Instruments for the Language Implementation

Die anvisierte Effizienzsteigerung des Systementwurfs durch ein zentrales IML-Architekturmodell ist neben notwendigen intuitiven und anwendungsorientieren Sprachstruktur wesentlich (1) vom Wieder- und Weiterverwendungspotential des Modells in den nachgelagerten domänenspezifischen Entwicklungsphasen sowie (2) einer formalen und semantisch konsistenten Modellstruktur abhängig. Um die zielgerichtete Umsetzung der IML-gestützten Modellerstellung zu strukturieren, wird daher in Kapitel 6.1 ein methodischer Leitfaden für IML eingeführt. Dieser soll die Integration aller Systemperspektiven und Stakeholder in die entsprechenden IML-Teilmodelle sicherstellen.
Zur Umsetzung der datenkonsistenten Modellierung des zentralistischen Architekturmodells wird in Kapitel 6.2 ein Datenstrukturkonzept vorgestellt, dass sowohl die formale Modellierung der IML-Elemente wie auch die Vernetzung mit externen Engineering-Assets ermöglicht.

6.1 Modellerstellung und Stakeholderinteraktion

Model Creation and Stakeholder Interaction

Die aus Kundenberatungen und -absprachen durch den technischen Vertrieb entstehende und anschließend aufgearbeitete – zumeist textuelle und grafische – Anforderungsspezifikation bildet den Ausgangspunkt der zentralen Phase des IML-gestützten Systementwurfs; die Erstellung der Funktionalen Systemarchitektur, Abbildung 6.1.
Zur interdisziplinären Definition der Systemfunktionen und -strukturen sowie der Berücksichtigung *aller* domänenspezifischen Randbedingungen ist die direkte Kooperation aller beteiligten Disziplinen erforderlich. Hierzu erfolgt zunächst die Zusammenstellung eines Kernteams, das sich aus ein bis max. zwei Experten je Domäne zusammensetzt (*Expertenteam*).

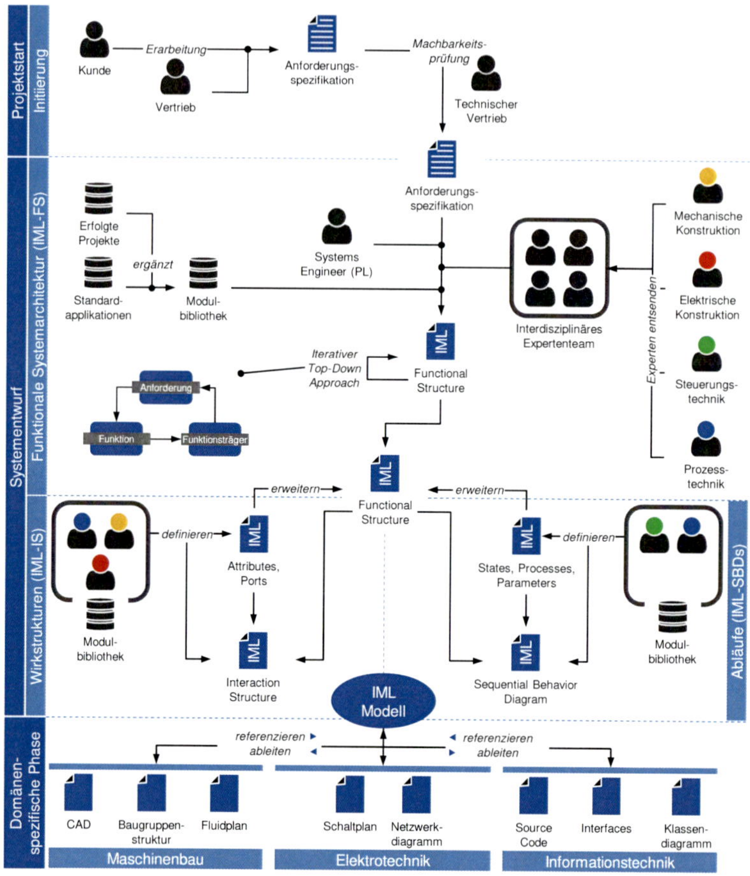

Abbildung 6.1: Interaktion der Stakeholder zur Modellbildung
Stakeholder Interaction for the Model Creation

Dieses Team wird im optimalen Fall durch eine Projektleitung begleitet, die entweder von einem Mitglied des Kernteams oder idealerweise von einem Systems Engineering Experten ausgefüllt wird. Die Aufgabenverteilung ist zunächst für alle Mitglieder gleich; im Vordergrund steht die anforderungsorientierte iterative Abstraktion von Systemfunktionen und deren Realisierung durch hard- und softwaretechnische *IML-Elements*, vgl. IML-Paradigma in Kapitel 5.2.

Die interdisziplinäre Kooperation soll hierbei sicherstellen, dass sowohl alle wesentlichen domänenspezifischen Anforderungen (Funktionen und Abläufe von Subsystemen, physikalische Komponentenspezifikationen, Qualitätsanforderungen etc.) als auch energetischen, logistischen, logischen und softwaretechnischen Schnittstellen berücksichtigt werden.
Neben der Modellierung neuer, applikationsspezifischer Strukturen stehen dem Team dazu standardisierte Modulbibliotheken und parametrisierbare Template-Module zur Verfügung, die zum einen unternehmensspezifisch aus der vorangegangenen Entwicklungshistorie entstanden sind oder durch Model-Provider[1] bereitgestellt wurden. Diese Module können einfache *Entities* (Sensoren, Mechanische Elemente, Steuerungs- und Reglerprogramme) bis hin zu komplexen *Function Owner* mit mehreren Sub-*Functions* (Handling-/Logistiksysteme, Hydraulikaggregate etc.) beschreiben. Ist jedoch zum Zeitpunkt der Definition einer erforderlichen Anlagenfunktion (bspw. *1D-Handling*) deren technische Ausgestaltung (*Hydraulische, Pneumatische oder Elektrische Lineareinheit*) noch unbestimmt, so können Implementierungsvarianten entweder mittels *Design Alternatives*, siehe S. 76, beschrieben werden oder die Realisierung der Funktion bleibt zunächst – im Rahmen der verknüpften funktionalen Anforderungen – offen. Über die finale Detaillierungstiefe eines jeden Funktionsstrangs der Maschine ist dabei stets bedarfs- und zweckorientiert[2] zu entscheiden.

Da die Diagramme *IS* und *SBD* auf den Elementdefinitionen der *FS* aufbaut, kann deren Ausgestaltung beginnen, sobald die *FS* den dazu notwendigen Reifegrad erreicht hat.
Innerhalb der IS-Diagramme besteht die Aufgabe des Expertenteams in der Spezifikation der Komponenten*interaktion* und deren *Aufbau* auf Basis energetischer und informationstechnischer Ports, die durch physikalische Attribute spezifiziert werden. Hierbei sind unterschiedliche Modellierungsstrategien denkbar: So kann entweder der gewünschte mechatronische Verbund durch die Verknüpfung modularer *IS*-Templates (Sensorik, Software, Aktorik) aus Modulbibliotheken auf Basis ihrer Portkompatibilität erstellt werden, deren strukturelle Gliederung erst im zweiten Schritt erfolgt (Bottom-Up-Ansatz). Im anderen Fall kann zunächst die externe Funktionalität einer übergeordneten Komponente auf Basis von Ports definiert werden, sodass sie das korrekte *externe* Verhalten bereitstellt, während die innere Ausgestaltung der Komponente erst im Folgeschritt erarbeitet wird („Top-Down-Ansatz)".
Nach der Fertigstellung kann die *IS*, mittels zu erarbeitenden Modelltransformationen, in einem 1D-Simulationswerkzeug[3] validiert werden.
Im Entwicklungsprozess kann anschließend, auf Basis der physikalisch parametrisierten Schnittstellen (*Ports*), die Erstellung von CAD-Teilen und Baugruppenstrukturen, fluidischen und elektrischen Schaltplänen sowie von Netzwerkdiagrammen in den jeweiligen Fachdomänen erfolgen. Den Entwicklern steht hierzu das IML-Modell als Entwicklungsreferenz zur Extraktion der Parameter, Designentscheidungen und den erforderlichen Schnittstellen zur Verfügung. Eine teilautomatisierte Generierung von Schaltplänen auf Basis von Komponententemplates und hinterlegten Teilplänen ist ebenfalls denkbar, dies ist jedoch nicht Teil dieser Arbeit.

[1] Zulieferer, Software-Community etc.
[2] Die Projektleitung sollte stets die Einhaltung des Grundsatzes *„So viel wie nötig, so wenig wie möglich"* motivieren.
[3] Mögliche Beispiele sind Simcenter Amesim™, Matlab Simulink®, Dymola®, Adams®

Den Ausgangspunkt der SBD-Modellierung bilden die funktionalen Anforderungen an die Verhaltenssequenzen. In Kooperation mit der Steuerungstechnik soll aus den Vorgaben der Prozesstechnik eine logische Sequenz von Maschinenaktionen definiert werden, deren jeweiliger Ausführungskontext durch logische Bedingungen und Prozessparameter spezifiziert wird.
SBDs dienen dabei zunächst der Spezifikation des Sollablaufs („*Gutfall*") eines Maschinenverhaltens. Werden hingegen zusätzlich erwartbare ungewollte Abweichungen[4] berücksichtigt, so können fehlerhafte Maschinenzustände bereits während der Modellierung identifiziert und situationsspezifisch beschrieben werden. Dies ermöglicht die Spezifikation individueller Fehlerbehandlungsmethoden, wobei zum einen die durch den Fehler betroffenen Maschinenkomponenten als auch eine sichere Rückführungsstrategie in einen stabilen Maschinenzustand zu definieren sind. Durch diese frühzeitige interdisziplinäre Methodendefinition können aufwändige Abstimmungsprozesse in der späteren Implementierungsphase reduziert werden.
Aus den Ablaufbeschreibungen und dem logischen Ausführungskontext können abschließend Code-Strukturen generiert werden, welche als initiales Rahmenwerk (bspw. Zustandsautomat) für die steuerungstechnische Domäne dienen, die diese wiederum um die technologische Implementierung der Aktionen vervollständigen. Den Entwicklern stehen dazu die spezifizierten logischen Ausführungsbedingungen, Prozessparameter oder bereits vorgefertigt hinterlegte Programmbausteine zur Verfügung, wodurch die Querkommunikation zu Nachbarabteilungen verringert werden kann.
Eine geeignete Alternative neben der manuellen SBD-Erstellung bietet ein KI-gestützter Ansatz nach BRECHER ET AL., wo mittels eines Planungsalgorithmus automatisiert aus einer Menge vordefinierter Aktionen Abläufe ermittelt werden, die den deklarierten Start- und Zielbedingungen (Pre- und Postconditions) genügen. Die Bereitstellung valider SBDs reduziert somit den kognitiven Aufwand des Modellierenden. [BREC15])

6.2 Datenstruktur des Architekturmodells

Data Structure of the Architecture Model

Gemäß Anforderung 4.1 und 4.2 ist es erforderlich, dass IML-Elemente mit externen Engineering-Assets wie Stakeholder-Anforderungen und anderen Teilmodellen (CAx-Dateien, kaufmännische Teilenummern, Schaltplanreferenzen, IP-Adressen etc.) verknüpft werden können. Dazu ist eine formale Datenstruktur erforderlich, die bedarfsorientierte Erweiterungen, Vernetzungen und allgemeine CRUD[5]-Zugriffe der Modellelemente ermöglicht.
Einen geeigneten Ansatz bieten Wissensgraphen des *Semantic Web*. Modellrelationen werden hier als semantische Tripel – bestehend aus *Subjekt, Prädikat, Objekt* – mittels der Web Ontology Language (OWL) formuliert [W3C19a]. Jedes Element (*Subjekt, Objekt*) wird

[4]Unerwünschte Zuständsänderungen, das Nicht-Erreichen eines Zielzustands oder das dauerhafte Verharren in einer Aktion

[5]CRUD: **C**reate, **R**ead, **U**pdate, **D**elete

durch eine OWL-Klasse definiert, welche wiederum durch einen Unique Resource Identifier (URI) eindeutig identifiziert[6] ist. IML-URIs entsprechen im Folgenden dem Format [KÖRF19]:

<baseURI>/<type>#<iml-id>, bspw. *http://iml.project.path/FunctionOwner#FO3.*

Objekt-Relationen (*Prädikat*) werden hierbei als OWL-Objekteigenschaften modelliert, die ebenfalls durch eine URI definiert sind, vgl. Abbildung 6.3.

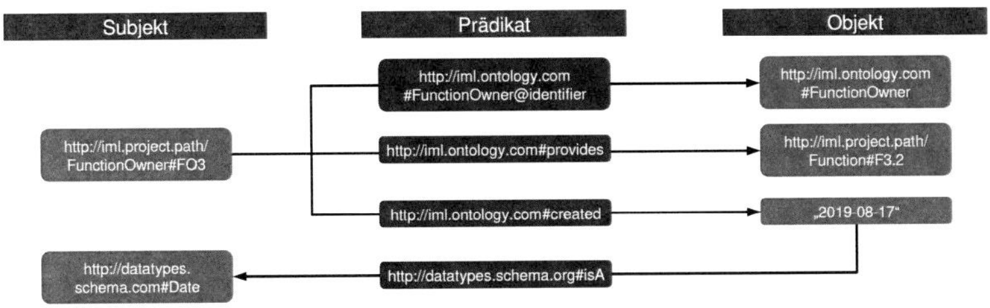

Abbildung 6.2: Exemplarische IML-Triple-Strukturen
Exemplary IML Triple Structures

Vokabular

Part

URI: http://iml.ontology.com/FunctionOwner

Property	*Type*
@identier	URI
name	Text
developer	Person
hasPort	Port
hasRequirement	Requirement
refersFile	File

Linearantrieb

@prefix imlFO: http://iml.ontology.com/FunctionOwner

:LinearDrive is a iml:FunctionOwner

Property	*Description*
imlFO:@identifier	imlFO#FO3
imlFO :name	LinearDrive
imlFO :developer	dbpedia.org/person#John_Doe
imlFO :hasPort	iml.project.path/port#in_E_470
imlFO :hasRequirement	rm.project.path/req#RQ37
imlFO :hasRequirement	rm.project.path/req#RQ21

Abbildung 6.3: Exemplarische Datenstruktur eines IML-Elements
Exemplary Data Structure of an IML Element

Die in Abbildung 6.2 benannten Referenzen (bspw. *http://iml.ontology.com#FunctionOwner*) verlinken auf Klassentypen eines Ontologie-Metamodells (bspw. IML), wodurch die Semantik bzw. der Typ des referenzierenden Elements definiert wird. Zusätzlich können den Objekteigenschaften weitere Meta-Charakteristiken zugeordnet werden:

[6] Die URI kann entweder ein spezifisches Element einer Ontologie oder einen Basis-Datentypen (*String, Double, Date*) referenzieren

Ist eine Relation als **Transitiv**[7] definiert, so lassen sich weitere Aussagen zu den über- und untergeordneten Elementen ableiten, die insbesondere für Filter- und Reasoning-Methoden relevant sind.
Mittels **inverser Relationen** können zudem bidirektionale Bedeutungen einer Relation spezifiziert werden (requires/implements oder defines/defined by) [KÖRF19]. Zudem wird die erlaubte Menge von Relationen für eine Objekteigenschaft durch die **Kardinalität** (1:1, 1:n,...) definiert. Der Umfang an verfügbaren Objekteigenschaften (Prädikate) eines Elements wird somit allein durch das ontologische Metamodell definiert.

Wie die obigen Abbildungen zeigen, ermöglicht die Datenstruktur auch die Referenzierung externer Engineering-Assets. Visualisiert man die Relationen als Verbindungen zwischen Knoten (Elementen) entsteht ein netzartiger Wissensgraph, der die semantische Verknüpfung unterschiedlicher Teilmodelle verdeutlicht, Abbildung 6.4 [HERF18b].

Die Abbildung zeigt, dass die Relationen ein übergreifendes Architekturmodell aufspannen, dass die Teilmodelle aller beteiligten Disziplinen vereint, vgl. Anforderung 4.1 und 4.4. Durch Hinzufügen und flexible Erweiterung von Knoten kann das Modell somit, analog zum iterativen Systementwurf, kontinuierlich erweitert und detailliert werden, während auf Basis von Filter- und Reasoning-Methoden die Daten anwendungsspezisch extrahiert und interpretiert werden können.
Darüber hinaus ist auch die Integration und Verlinkung von Live-Daten (Prozessdaten, Simulationsergebnisse etc.) realisierbar, um das Modell als Datenbasis für Dashboarding, die Aufzeichnung von Produktionshistorien oder nachgelagerte Prozess- und Systemanalysen zu nutzen.
Das Datenmodell stellt somit ein phasen- und domänenübergreifendes (Engineering)-Architekturmodell dar, das in einer umfassenden Perspektive die Teilmodellstrukturen und deren (internen/externen) Abhängigkeiten persistiert. Die Einbettung der Teilmodelle beschreiben somit jeweils eine spezialisierte Perspektive auf das System; dies gilt auch für das IML-Modell. Abschließend ist darauf hinzuweisen, dass durch die eindeutige Definition und konsequente Verwendung eines ontologischen Vokabulars, vgl. Abbildung 6.3, eine einheitliche und verwechselungsfreie Typisierung der Modellelemente erzielt werden kann. Zur Vermeidung uneindeutiger, inkonsistenter Elementbezeichnungen (bspw. Motor, Antrieb, Drive) sollten daher entweder bestehende Ontologie-Standards wie ecl@ss genutzt oder unternehmensspezifische Ontologien (bspw. ecl@ss-Derivat oder individueller Standard) erstellt werden, vgl. [ECLS19]. Diese Element-Typisierungen können mittels der *@identifier*-Objekteigenschaft in die Elementbeschreibung integriert werden. Weitere Ontologieansätze zu produktionstechnischen Systemen sind u. a. in [JÄRV19; SABO16; LIN07] aufgeführt.

[7] Die Transitivität einer Relation definiert, dass alle Eigenschaften des übergeordneten Elements auf das untergeordnete Element übertragen werden.

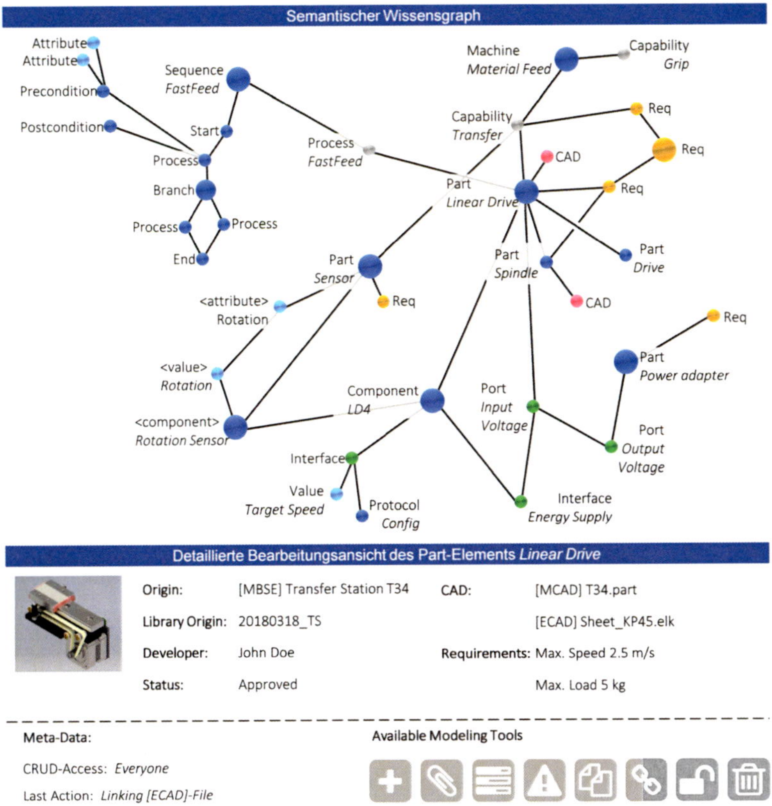

Abbildung 6.4: Darstellung der Datenstruktur als Wissensgraph, nach [HERF18b]
Depiction of a Data Structure as a Knowledge Graph acc. to [HERF18b]

7 Validierung und Evaluation

Validation and Evaluation

Im Folgenden wird das Konzept und die Umsetzung einer integrierten, datendurchgängigen Modellierungsumgebung (engl.: Modeling-Toolchain) für IML vorgestellt. Kapitel 7.1 führt zunächst in einer makroskopischen Betrachtung die Werkzeugkomposition und deren Kopplung zur Abdeckung der fokussierten Entwicklungsphasen aus Kapitel 3.2 ein. Darauf aufbauend erfolgt die detaillierte Vorstellung der phasenspezifischen Modellierungswerkzeuge, insbesondere des IML-Editors und dessen Implementierung der Sprachspezifikation, sowie die integrierten Unterstützungsmethoden zur intuitiven Modellerstellung und -verwaltung. Eine praxisorientierte Veranschaulichung und Validierung der IML-Modellierungsumgebung zeigen die Kapitel 7.2, 7.3 anhand zweier produktionstechnologischer Demonstrationsszenarien.
Der Abschnitt schließt mit einem Fazit zur Sprachimplementierung und Erprobung der Modellierungsumgebung.

7.1 Aufbau und Umsetzung einer datendurchgängigen Modellierungsumgebung

Development and Implementation of a data-consistent Modeling Environment

Zur Umsetzung des phasenübergreifenden IML-Architekturmodells in einer datendurchgängigen Modellierungsumgebung wird im Folgenden der Ansatz *Kopplung phasenspezifischer Werkzeuge* verfolgt. Mit dem Ziel eines praxisnahen Demonstrators baut die vorliegende Arbeit dazu auf gängigen industriellen Standards der produktionstechnischen Branche auf, die zur Integration einer DSML geeignet sind.
Abbildung 7.1 zeigt die zur Umsetzung der drei Entwicklungsphasen *Anforderungen, Systementwurf, Domänenspezifische Entwicklung der Automatisierungstechnik* ausgewählten Werkzeuge und die zur Kopplung genutzten Schnittstellen.

Das Zentrum der Toolchain bildet der IML-Editor. Durch die Integration der vollständigen Sprachspezifikation dient er zur Erstellung und Modifikation von IML-Modellen. Die Umsetzung basiert dabei auf dem UML-Modellierungswerkzeug *MagicDraw®* der Firma *NoMagic, Inc. – Dassault Systèmes®*. UML ermöglicht es mittels Stereotypen und Customizations

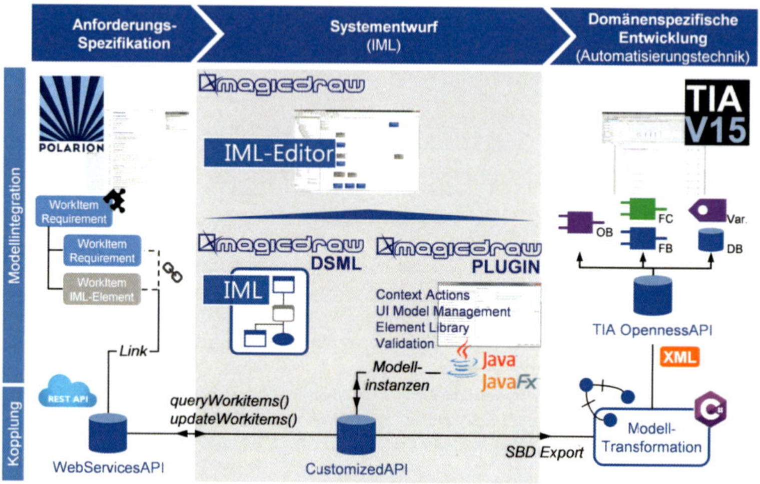

Abbildung 7.1: Architektur des IML-Demonstrators, nach [FLEN19]
Architecture of the IML Demonstrator acc. to [FLEN19]

domänenspezifische Sprachmodelle zu erstellen, die, in Ergänzung adaptierter Diagrammtypen, dann als neue DSML in MagicDraw eingebunden werden können. Zusätzlich können Modellierungsregeln und methodische Hilfestellungen für den Benutzer innerhalb von Java-Plugins als funktionale Erweiterungen integriert werden. Eine detaillierte Beschreibung der Umsetzung erfolgt in Kapitel 7.1.1.

Gemäß des zentralistischen Ansatz ist das IML-Modell als *Single Source of Truth* konzipiert, das die zu spezifizierenden Abhängigkeiten der Engineering-Assets abbildet und persistiert. Es stellt somit das Referenzmodell für die verbundenen Applikationen dar, die sich auf die Modellstruktur und deren ggf. (iterativen) Anpassungen synchronisieren. Dazu ist es notwendig, dass sowohl die IML-Elemente eines Modells selbst sowie deren Eigenschaften und gegenseitigen Relationen extern verfügbar sind. Hierzu wurde im Rahmen der Plugin-Entwicklung eine API umgesetzt, die sowohl CRUD-Zugriffe als auch den Export von Diagrammen als XML-Dokument ermöglicht.

Für die initiale Anforderungsspezifikation wird *Polarion®*, eine ALM-Software der Siemens AG, eingesetzt. In Polarion ist es möglich, einzelne Anforderungsbeschreibungen aus einem Fließtext zunächst als *Workitems* zu instanziieren, typisieren und hierarchisieren, um diese anschließend mit anderen ggf. externen Assets zu verlinken. Dies kann auch aus einer externen Applikation heraus über eine Webservices-API erfolgen, sodass bei einer im IML-Editor vorgenommenen Verlinkung einer Anforderung mit einem IML-Element diese durch eine REST Put- oder Post-Methode in das Polarion-Datenmodell integriert werden kann. Die detaillierte Vorstellung der implementierten Workflows sowie Möglichkeiten zur automatisierten Synchronisierung der verteilten Datenmodelle erfolgt in Kapitel 7.1.2.

Das TIA-Portal[1] der Siemens AG bildet die Schnittstelle zur Überführung der Ablaufmodelle (SBD) in die automatisierungstechnische Domäne. Die integrierte TIA-Openness API ermöglicht den Import von Programmbausteinen (DB, FB, OB, FC)[2] auf Basis eines für die jeweilige TIA-Progammiersprache proprietären XML-Formats. Für die vorliegende Arbeit fiel dabei die Wahl auf Strukturierter Text (ST) als gängige SPS-Programmiersprache.
Für den Import ist jedoch zunächst eine Modelltransformation aus dem zustandsorientierten SBD-Modell in die imperative ST-Programmstruktur erforderlich. Kapitel 7.1.3 beschreibt die Anbindung des steuerungstechnischen Partialmodells.

Abschließend ist anzumerken, dass gegenüber der hier angestrebten direkten Kopplung auch die Integration aller Modellierungsphasen in *einer* Werkzeugumgebung ein gängiger Ansatz ist, vgl. ARCADIA in Kapitel 2.3.3. Aufgrund der häufig heterogenen Werkzeugkompositionen von Maschinen- und Anlagenherstellern produktionstechnischer Systeme wird jedoch bewusst ein Ansatz auf Basis herstellerneutraler Kopplungen verfolgt. So werden i. d. R. für jede Entwicklungsphase unterschiedliche Varianten spezialisierter Entwicklungswerkzeuge eingesetzt, wobei sowohl die Mitarbeiter eines Unternehmens häufig bereits für ein bestimmtes ausgebildet und geschult, als auch die Vorprojekte in dem dazu i. d. R. proprietären Datenformat vorliegen. Eine Migration in eine neue Entwicklungsumgebung ist daher ggf. mit hohen zeitlichen und finanziellen Aufwänden verbunden, weswegen der kopplungsorientierte Ansatz für die Zielbranche erfolgsversprechender erscheint.
Demgegenüber steht jedoch die Hürde, dass, falls nicht bereits herstellerseitig vorgenommen, sowohl die Integration der Datenschnittstelle als auch der zu importierenden Modellelemente in die proprietäre Datenstruktur des Werkzeugs realisiert werden muss. Dies kann beispielsweise in Form eines Wrappers oder wie o. g. innerhalb eines Plugins erfolgen.

[1] TIA: Totally Integrated Automation
[2] DB: Datenbaustein, FB: Funktionsbaustein, OB: Organisationsbaustein, FC: Funktion

7.1.1 IML-Editor

IML Editor

Der IML-Editor bildet die zentrale Instanz zur IML-Modellierung. Diese soll eine intuitive Erstellung grafischer IML-Modelle und deren Modifikation mittels angepasster grafischer Werkzeuge wie *DragNDrop, Context Menus und Hover Boxes* sowie übersichtlicher *User Interfaces* (UI) ermöglichen. Die Modellelemente sowie deren Eigenschaften und Beziehungen sind zudem in einer zu der grafischen Repräsentation zentralen und konsistenten Datenstruktur zu persistieren, sodass u. a. CRUD-Methoden auf dieselben anwendbar sind. Hierzu wurde zunächst die Sprachspezifikation aus Kapitel 5.3 bis 5.5 in ein Metamodell, vgl. Kapitel 2.3.2, überführt, dass sowohl die verfügbaren Elemente eines Diagramms als auch die zugrundeliegenden Modellierungsregeln definiert, Abbildungen 7.3, 7.4.

Die Umsetzung einer DSML erfolgt in MagicDraw als UML-*Profil.* Als Meta-Meta-Modell gibt UML vor, dass die drei IML-Diagramme jeweils aus den zur Verfügung stehenden 14 UML-Diagrammgrundtypen abzuleiten sind[3]. Der Grundtyp definiert somit explizit die Basistypen für die IML-Diagrammelemente.
Die IML-Diagrammtypen wurden aus den folgenden Basistypen abgeleitet:

FS-Diagramm: Klassendiagramm

IS-Diagramm: Kompositionsstrukturdiagramm

SBD-Diagramm: Aktivitätsdiagramm

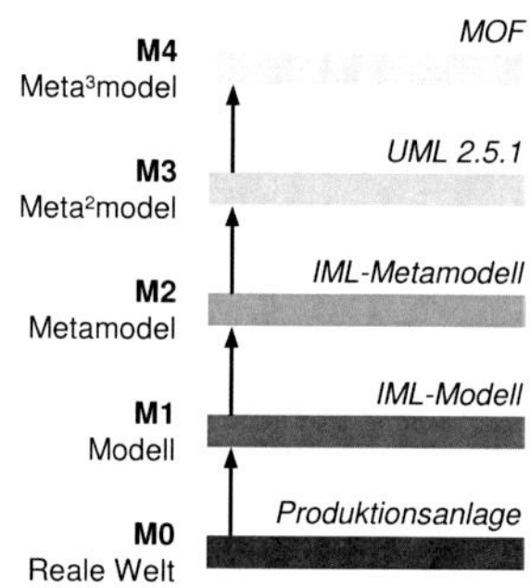

Abbildung 7.2: Metamodell-Struktur von IML
Metamodel Structure of IML

Neue Sprachelemente werden in einem Profildiagramm als *Stereotypen* eines bestimmten Basistypen (bspw. *Class, Component, Behavior*) definiert, siehe Abbildungen 7.3, 7.4, während *Customizations* zur Spezifikation der grafischen Diagrammrepräsentation eines Elements dienen.
Die vollständigen IML-Metamodelle sind in Anhang B ff. zu finden.

[3]Alternativ wäre es möglich, die IML-Diagramme durch ein generisches Metaformat, wie EMOF oder ECORE zu definieren.

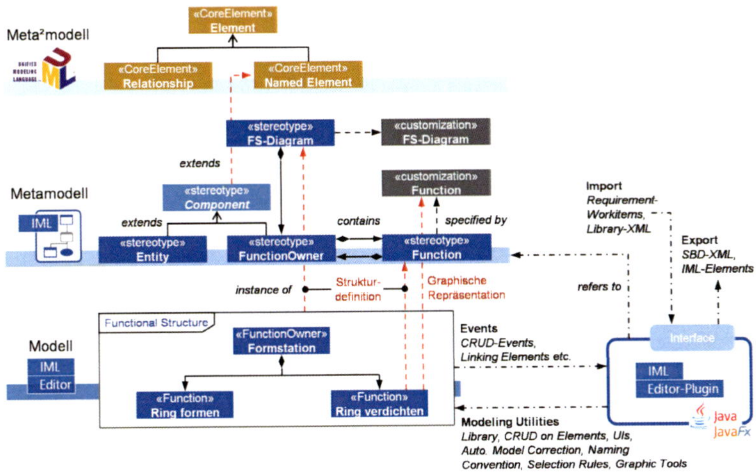

Abbildung 7.3: Modellarchitektur des IML-Editors und Integration des IML-Editor-Plugins
Model Architecture of the IML Editor and Integration of IML Editor Plugins

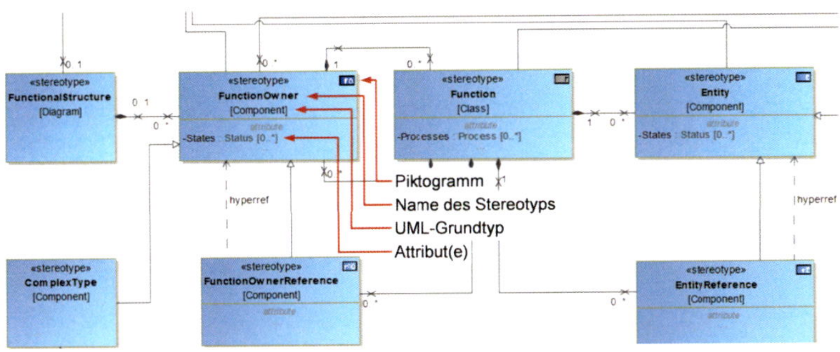

Abbildung 7.4: Auszug des FS-Metamodells aus MagicDraw zur Stereotyp-Definition des Function Owner
FS Metamodel Extract from MagicDraw for the Definition of the Function Owner Stereotype

Darüber hinaus wurden weitere Features zur Unterstützung des Modellierenden als Java-Plugin ergänzt, Abbildung 7.3. Hierzu gehören:

- **Management-UIs** zur Editierung und Verwaltung von
  - FS: *States*, *Processes* und *Component Attributes*, Abbildung 7.5 rechts unten
  - IS *Port Attributes* und *Attribute Propagation*
  - SBD: *Logic Conditions*, *Swimlane*-Management, *Material* und *Data Flows*
- Integrierter **Library-Browser** zur Erstellung und Verwaltung unternehmensspezifischer Komponentenbibliotheken, Abbildung 7.5 links unten
- Automatische **Graph-Transformationen** bei Verschachtelung von IML-Diagrammen
- **Verlinken externer Engineering-Assets**, wie CAD-Parts, Requirement-Workitems etc., gemäß Anforderung 4.5
- Automatische Vergabe von Element-IDs via **Naming Convention**

Abbildung 7.5 zeigt die Editor-Modellierungsansicht eines IML-Projekts.

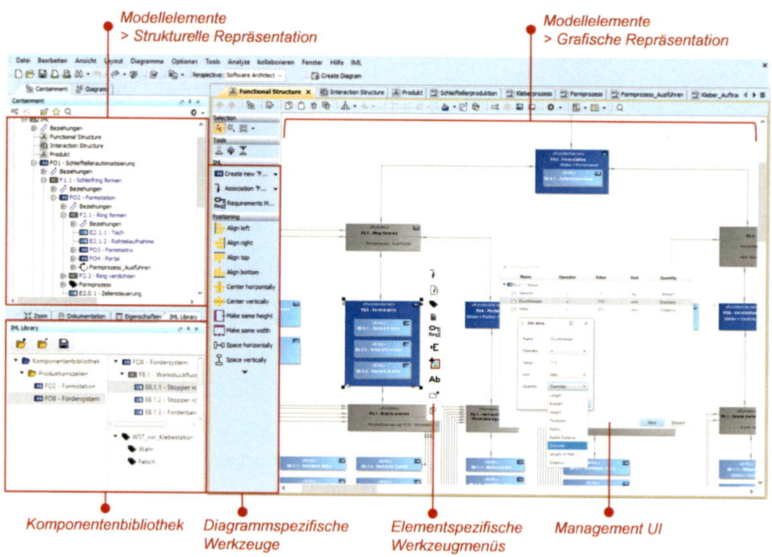

Abbildung 7.5: Aufbau des IML-Editors am Beispiel eines FS-Diagramms und der verfügbaren Modellierungswerkzeuge
Structure of the IML Editor using the Example of an FS Diagram and the available Modeling Tools

Gemäß den Anforderungen 4.7, 4.8 wird die bereits im IML-Metamodell konzipierte diagrammkonsistente Modellierung zusätzlich durch die Modellierungswerkzeuge des Plugins unterstützt. So bieten elementspezifische Werkzeugmenüs dem Modellierenden unmittelbar die für den jeweiligen Kontext metamodellvaliden Toolsets an, während durch die Vorselektierung passender Modellelemente und der Implementierung von Metamodell-Regeln innerhalb der Management-UIs die korrekte Konfiguration des spezifischen Teilmodells sichergestellt ist. Diese Benutzerführung verringert somit zum einen die Einstiegshürde für Nicht-Modellierungsexperten und sichert zugleich die einheitliche Modellbildung und Wiederverwendbarkeit der IML-Modelle.

7.1.2 Anforderungsmanagement

Requirements Management

Um die in Polarion als Workitems instanziierten Anforderungen im IML-Modell zu integrieren, werden diese über die Polarion-WebServicesAPI in die ReqMan-UI des Editors geladen. Neben einer vollständigen Requirements-Hierarchie sind in der Detailansicht auch alle Referenzen eines Requirements sowie Werkzeuge zur weiteren Vernetzung verfügbar, Abbildung 7.7 oben links.
Gemäß des zentralistischen Ansatzes werden alle Requirement-Verlinkungen direkt innerhalb des IML-Modells gespeichert; der entsprechende Workflow ist in Abbildung 7.6 dargestellt.

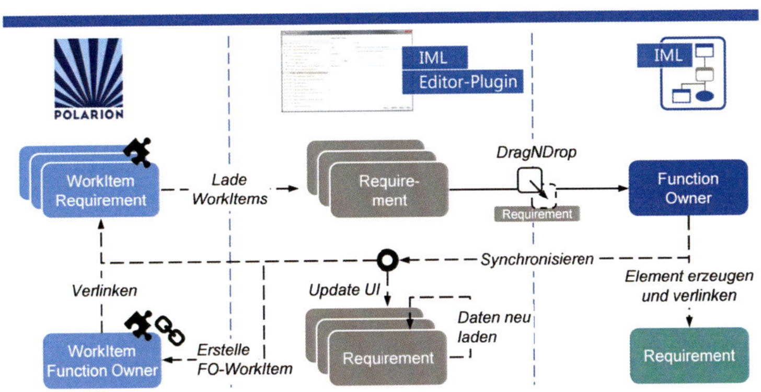

Abbildung 7.6: Interaktion der Modellierungswerkzeuge bei der Verlinkung eines Requirements mit einem Function Owner [HERF18b]
Interaction of the Modeling Tools when Linking a Requirement with a Function Owner [HERF18b]

Requirement-Referenzen werden durch DragNDrop-Aktionen des Anforderungselements mit dem Ziel-*FunctionOwner* verbunden. Jede Referenz wird zusätzlich durch die in Kapitel 5.3.3 aufgeführten bidirektionalen Assoziationstypen (*implements, refines* etc.) spezifiziert.

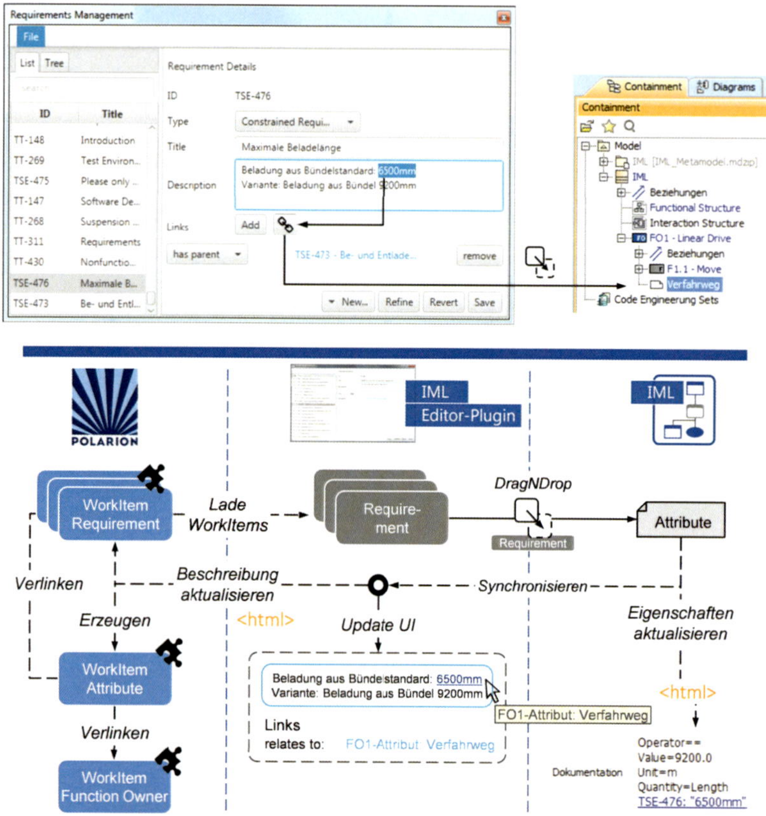

Abbildung 7.7: Interaktion der Modellierungswerkzeuge bei der Verlinkung eines *Requirement*-Teiltextes mit einem *Attribute* [HERF18b]
Interaction of the Modeling Tools when Linking a textual Extract of a Requirement with an Attribute [HERF18b]

Zur Persistierung der Referenz wird das Requirement im IML-Modell als *Requirement* instanziiert und dem entsprechenden *FunctionOwner* angehängt. Die Rücksynchronisation (sog. *Model-Round-Trip*) erfolgt dann durch die Erzeugung eines FunctionOwner-Workitem und der Verlinkung mit dem entsprechenden Requirement-Workitem.

Detailliertere Anforderungsspezifikationen ermöglicht der Workflow aus Abbildung 7.7. So können einzelne Teile bzw. Textabschnitte eines *Requirements* zunächst markiert und via DragNDrop mit dem Zielelement (bspw. *Attribute*) verknüpft werden. Der Textabschnitt wird als Rich-Text, inkl. Link zum referenzierten Polarion-Element, in die Eigenschaftsbeschreibung des *Attribute* eingefügt und zusätzlich innerhalb der UI als Tooltip oder Link visualisiert (Mitte unten). Analog zum vorigen Workflow erfolgt abschließend die automatische Rücksynchronisation in das Polarion-Datenmodell.

An dieser Stelle ist anzumerken, dass im Falle der verteilten Partialmodelle eine vollständige Synchronisierung nur schwer und mit hohem Aufwand zu erzielen ist. So kann eine in Polarion durchgeführte textuelle Anpassung einer Anforderungsbeschreibung eines Workitems zwar ohne Konflikte zur Aktualisierung des entsprechenden IML-Elements genutzt werden. Die Löschung eines *Requirements* im IML-Editor sollte hingegen nicht direkt nach Polarion übertragen werden, da weitere Abhängigkeiten dieses Polarion-Elements auf Seiten des Editors innerhalb der ReqMan-UI nicht einsehbar sind. Eine Abhilfe ist die Übertragung eines Change-Request-Flags, das als Annotation den Requirements-Engineer auf eine ggf. erforderliche Änderung hinweist.

7.1.3 Automatisierungstechnische Entwicklung

Automation Design

Zur Weiterverwendung des IML-Modells in der automatisierungstechnischen Projektphase soll durch den in Kapitel 6.1 beschriebenen Transfer von IML-Ablaufstrukturen mittels einer Modelltransformation direkt in das domänenspezifische Entwicklungswerkzeug erfolgen. Die im SBD-Diagramm spezifizierte logisch-konditionale Abfolge von parametrisierten Prozesssequenzen wird als ablaufvorgebende Programmstruktur automatisch generiert. Das IML-Modell enthält jedoch keine (plattformspezifische) Beschreibung bzw. Implementierung zur Umsetzung einer Maschinenaktion bspw. *wie* ein Handhabungsvorgang implementiert ist; diese müssen manuell durch den Steuerungstechniker ergänzt werden. Daher ist die Generierung eines „strukturellen Programmgerüsts" als *Code-Pattern-Generation* zu bezeichnen.

Die Integration des TIA-Portals erfolgt mittels eines Softwareadapters als applikationsspezifische Kopplung zwischen dem IML-Editor und der C#-API *TIA-Openness* des TIA-Portals, die den Import proprietärer .xml-Projektmodelle in eine gewünschte Zielsprache (bspw. ST) ermöglicht. Für den Import eines Ablaufmodells initiiert der Adapter den Export der jeweiligen SBDs und zugehörigen Elemente über die API des Editor-Plugins und transformiert diese anschließend gemäß der folgenden vordefinierten Transformationsregeln in das TIA-spezifische Zielformat, Abbildung 7.8.

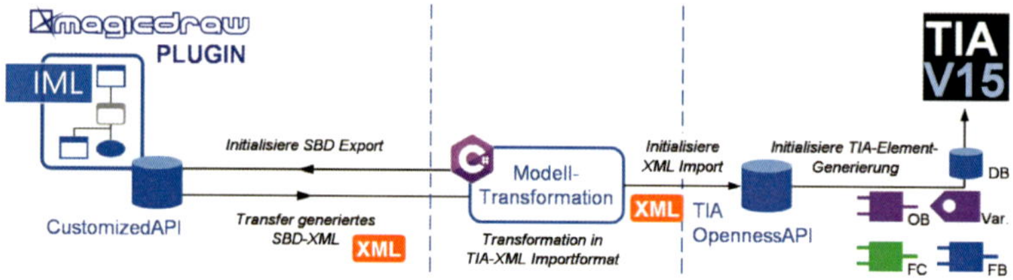

Abbildung 7.8: Generierung von IML-Ablaufstrukturen im TIA-Portal
Generation of IML Sequence Structures into the TIA-Portal

Im TIA-Portal stehen die Bausteintypen Organisationsbaustein (OB) „*Hierarchisierung des Anwenderprogramms*", Funktionsbaustein (FB) „*Programmbaustein mit zyklischem Datenspeicher*", Funktion (FC) „*Programmbaustein ohne Datenspeicher*" und Datenbaustein (DB) „*Globale oder FB-spezifische Datenbausteine*" zur Verfügung, vgl. [SIEM14].
Die logische Ablaufstruktur eines SBD wird als Zustandsautomat in einem FB generiert, der zyklisch aus dem Programmeinstiegspunkt OB1 aufgerufen wird. Alle für den Ablauf relevanten *States* und Ablaufvariablen, wie bspw. Iterator-Variablen, werden zusätzlich im zugehörigen FB.DB generiert. Sieht das IML-Modell den sequentiellen Aufruf mehrerer SBDs vor, ist diese Sequenz als separater Zustandsautomat im OB1 realisiert.

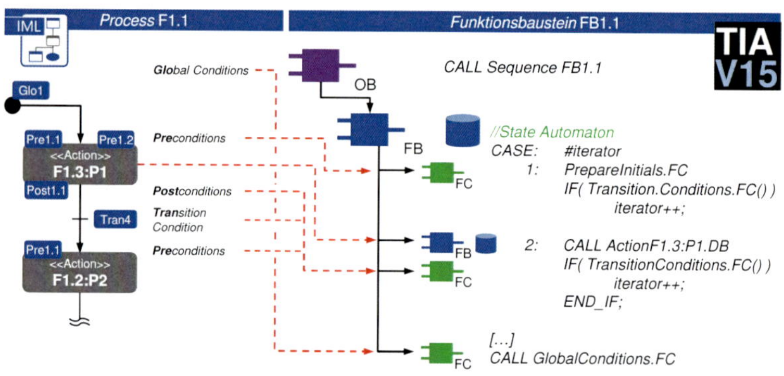

Abbildung 7.9: Generierung von TIA-Elementen auf Basis der Ablaufspezifikation eines SBDs
Generation of TIA Elements based on Sequence Specification of SBDs

Wie Abbildung 7.9 zeigt, wird für jede *SBD-Action* ein separater FB angelegt, der für die spätere manuelle Implementierung der aktionsspezifischen Routine zu nutzen ist. Nach seiner initialen Aktivierung wird dieser Baustein zyklisch aufgerufen. Sobald das Validierungsergebnis der als FC implementierten Übergangsbedingungen zur nächsten Aktion in einer nachgelagerten *if*-Bedingung valide ist, erfolgt der Zustandswechsel. Parallele Abläufe (*Synchronous Branches*) werden durch zusätzliche parallelisierte Zustandsautomaten realisiert. Analog erfolgt dies für in einer *Action* eingebettete SBD-Diagramme, die direkt in den zugehörigen FB integriert werden. Verzweigungen werden hingegen als einfache *if*-Bedingungen umgesetzt. Verfügt eine *Action* über *Parameter* oder *Data Ports*, so werden diese als FB-Inputs realisiert. Die Validierung von *Material Flows* erfolgt durch verknüpfte *Preconditions*, Kapitel 5.5.
Da das TIA-Portal keine *Enumeration* oder vergleichbare Datentypen kennt, sind *Status-Values* als *Anwenderkonstanten* eines FB.DB implementiert, die auf *Status*-Variablen eines globalen DB verweisen. Zur direkten Verknüpfung der Variablen mit Hardwareadressen bspw. eines Sensors müssen diese in die Variablentabelle verschoben werden.

Im Falle der verteilten Implementierung eines Ablaufs auf unterschiedliche Steuerungstypen, ist eine analoge Integration weiterer Entwicklungsumgebungen auf Basis des neutralen SBD-Exportformats erforderlich. Aufgrund der applikationsspezifischen Kopplung ist dies mit einem (einmaligen) vergleichbaren Aufwand wie der TIA-Portal Integration verbunden. Im Falle einer zu implementierenden Datenschnittstelle zwischen zwei unterschiedlichen Steuerungen, kann der Entwickler direkt auf die Menge der (externen) Elementreferenzen der *Logic Conditions* und *Parameters* des SBD-Diagramms zugreifen und daraus die notwendige Schnittstellenspezifikation ableiten.
Dies gilt analog auch für die Anbindung weiterer Domänen wie der mechanischen Konstruktion oder der Prozesstechnik.

7.2 Anwendung der IML-Methodik am produktionstechnischen Szenario

Application of the IML methodology to the production technological scenario

Im Folgenden soll die Anwendung der Interdisciplinary Modeling Language am Entwicklungsprozess des eingangs in Kapitel 2.1.4 beschriebenen Applikationsbeispiels einer produktionstechnischen Anlage für Schleifelemente demonstriert werden.

7.2.1 Erstellung der funktionalen Systemarchitektur

Creation of the Functional System Architecture

Die Prozessbeschreibung aus Abbildung 2.4 bilden, gemeinsam mit der Umgebungs- und Anforderungsspezifikation, Anhang A, den *Ausgangspunkt des IML-basierten Entwurfsprozesses* zur *Entwicklung einer automatisierten Produktionsanlage* für verschiedene Produktvarianten von Entgratschleiftellern.

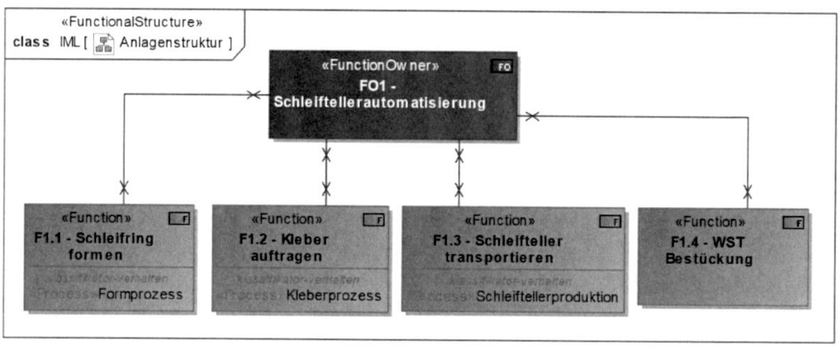

Abbildung 7.10: Hauptfunktionen der Produktionsanlage
Main Functions of the Production System

Gemäß des in Kapitel 6.1 beschriebenen iterativen *Top-Down-Approachs* zur Erarbeitung der funktionalen Systemarchitektur, werden initial die Hauptfunktionen der Produktionsanlage (FO1) abgeleitet, die zur Umsetzung des grundlegenden Produktionsprozesses erforderlich sind, Abbildung 7.10. Die Nutzung vorgangsbezogener Funktionsbezeichnungen sollen durch den direkten Prozessbezug domänenübergreifend eine eindeutige Zuordnung der Rolle und Bedeutung der Funktion unterstützen.
Anschließend erfolgt gemäß des alternierenden Ansatzes die Realisierung der Anlagenfunktionen durch Komponenten, die auf diesem Skalierungsniveau Produktionszellen entsprechen, Abbildung 7.11.

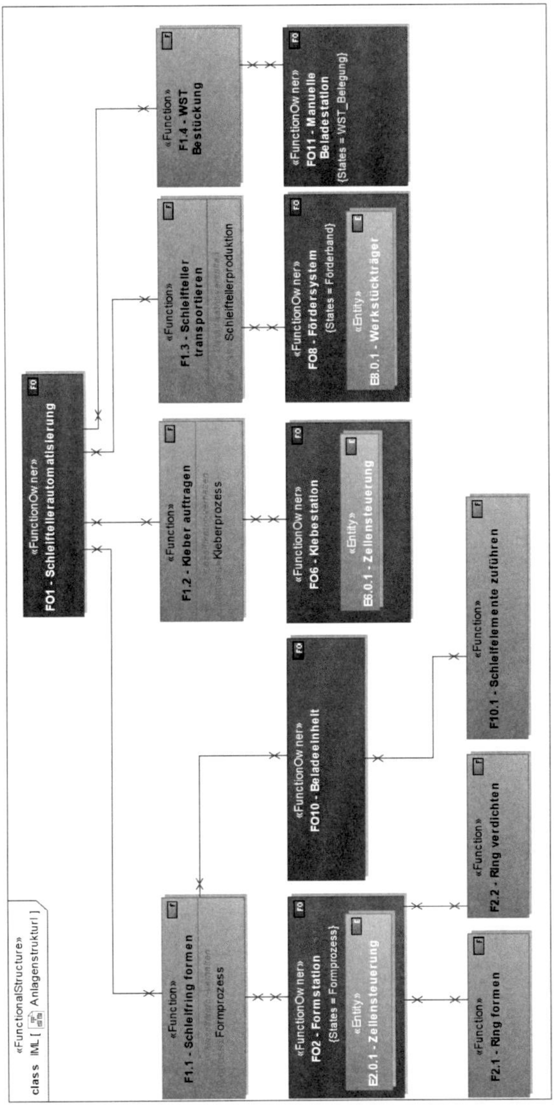

Abbildung 7.11: Zuordnung der Anlagenfunktionen zu Produktionszellen
Assigning Functions to Production Cells

Hierbei wurde durch das Engineering-Team entschieden, die Funktionen *Schleifring formen* und *Schleifring verdichten* in einer Zelle *Formstation* zusammenzuführen, da aufgrund der Instabilität des noch nicht verklebten Rings ein Transport fehleranfällig wäre. Die zugehörige Beladeeinheit dient als logistische Schnittstelle zur Anlieferung der vorkonfektionierten Schleifelementstapel, vgl. Abbildung 2.4; der Materialfluss wird später durch die Diagramme IS und SBD beschrieben. Die Bestückung des WST wird in einer manuellen Beladestation umgesetzt.

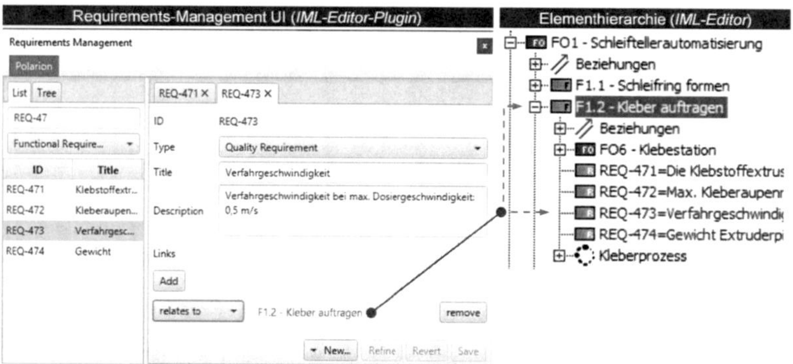

Abbildung 7.12: Anforderungsmanagement im IML-Editor
Requirements Management in the IML Editor

Wie im vorigen Abschnitt beschrieben, können Anforderungen aus Polarion mittels des Requirements-Plugins geladen und direkt mit den entsprechenden Modellelementen verknüpft werden, vgl. Abbildung 7.12. Die verfügbaren Werkzeuge unterstützen zusätzlich bei der Suche (Elementfilter) oder der Editierung von Anforderungselementen, deren Änderungen direkt mit dem entsprechenden Polarion-Projekt synchronisiert werden.

Anschließend erfolgt die Erarbeitung der technischen Realisierung der Produktionszellen.
Zur Umsetzung des *FO8 - Fördersystem* werden standardisierte Zukaufmodule genutzt, die als produktspezifische Elementbibliothek modelliert sind, siehe nebenstehende Abbildung. Derartige IML-Bibliotheken könnten zukünftig auch direkt durch Zulieferer zum Download angeboten werden.

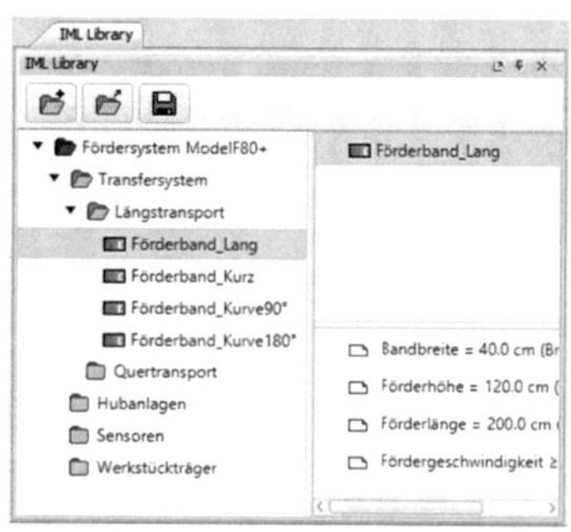

Die technische Realisierung der Formstation erfordert hingegen eine Neuentwicklung, zu der unterschiedliche Realisierungsalternativen vorliegen, die als *Design Alternatives* in einer eingebetteten *FS* der *Function 2.1* instanziiert werden, Abbildung 7.13.

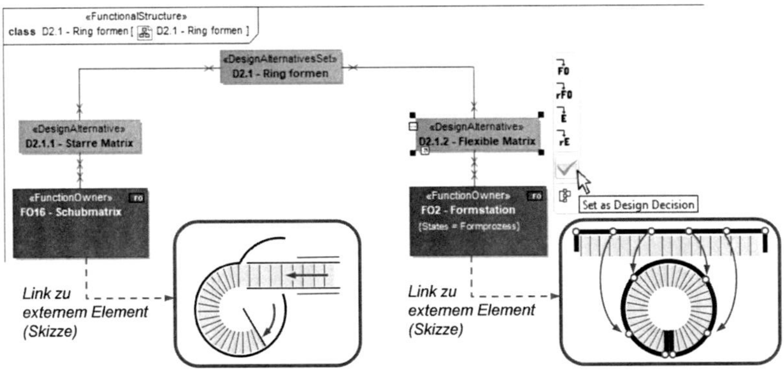

Abbildung 7.13: Design Alternativen zur Realisierung der *Function „F2.1 - Ring Formen"*
Design Alternatives for the Implementation of the Function „F2.1 - Shape Ring"

Durch die Verlinkung externer Dokumente (Skizzen, Morphologischer Kasten etc.) und der lösungsspezifischen Ausdetaillierung als Sub-*FS* können beide Lösungen validiert und verglichen werden, wobei die Übernahme der finalen Lösung in das Hauptdiagramm später per Auswahl geschieht. Der dokumentierte Entscheidungsprozess ist somit auch für spätere Entwicklungsphasen bzw. -projekte nachvollziehbar.

Die Ausarbeitung der übrigen Anlagenfunktionen erfolgt durch die sukzessive Ergänzung aller zur *funktionalen* Realisierung erforderlichen Hard- und Softwarekomponenten gemäß des alternierenden IML-Paradigmas.
Ferner werden, im Folgenden am Beispiel eines Schrittmotors, disziplinübergreifend physikalische Elementspezifikationen (Haltemoment, Größe, max. Drehmoment etc.) über die *AttributesUI* den Komponenten sowie ggf. Zustandsvariablen (Drehzahl, Temperatur) und geplante Abläufe (*Processes*) (*fahre(var Richtung), stop()* zur *Parent-Function*) hinzugefügt.

Zusätzlich können die Attributes bspw. der Formmatrix direkt mit geometrischen *Constraints* (Requirements) hinsichtlich der Größenvarianz des Produktspektrums verknüpft werden, vgl. Kapitel 7.1.2. Somit sind die Elementeigenschaften für alle Entwickler transparent einsehbar und stehen für die modellkonsistente Erarbeitung der Folgediagramme zur Verfügung. Der Detaillierungs- und Modularisierunggrad ist für das Engineering-Team frei bestimmbar.

Abbildung 7.14 zeigt die Spezifikation des *FO6 - Klebestation* mit einer Parallelkinematik zur Trajektorienführung des Klebstoffextruders.

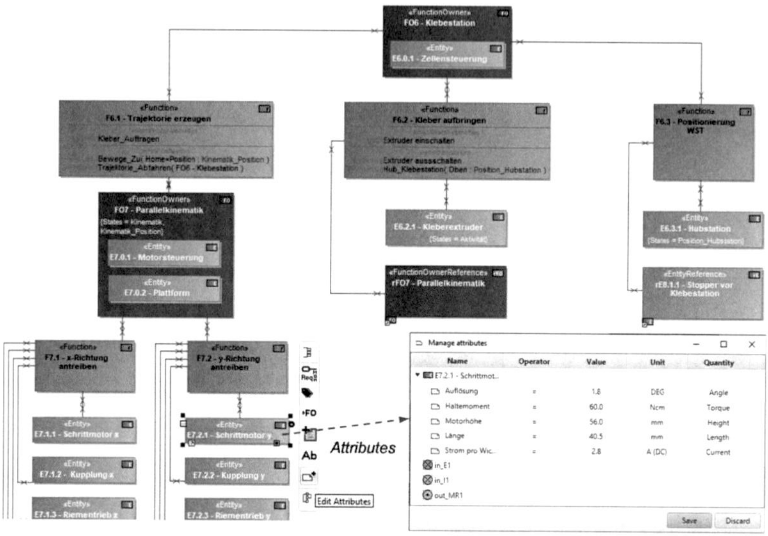

Abbildung 7.14: Funktionale Struktur der Klebestation und Detailansicht der *AttributesUI* für eine Schrittmotor-*Entity*
Functional Structure of the Glueing Station and a Detail View of the Attributes UI of a Stepper Motor Entity

7.2.2 Erstellung der Interaktionsstruktur

Creation of the Interaction Structure

Die Modellierung der mechatronischen und datenorientierten Wirkprinzipien kann sowohl nachgelagert wie parallel zur Erarbeitung der Funktionalen Struktur erfolgen. So kann eine synchrone Detaillierung der Anlagen-, Zellen- und Komponenteninteraktionen, abhängig vom aktuellen Detaillierungsgrad, einen direkten Aufschluss über Lücken im mechatronischen Verbund oder Inkompatibilitäten zu bereits bestehenden Systembereichen aufzeigen. Der Editor gibt hierbei die obligatorische und ausschließliche Wiederverwendung bereits bestehender FS-Elemente und deren Hierarchisierung vor, um die Diagrammkonsistenz zu erhalten.

Typischerweise wird initial die Interaktion höher abstrahierter Systemmodule (Produktionszellen) via *Ports* definiert und anschließend der innere Modulaufbau über die Interaktion der zugehörigen Entities, wodurch sich das Engineering-Team auf Modulschnittstellen einigt. Mittels *Attributes*, vgl. Kapitel 5.4, können diese technisch präzisiert werden, Abbildung 7.15.

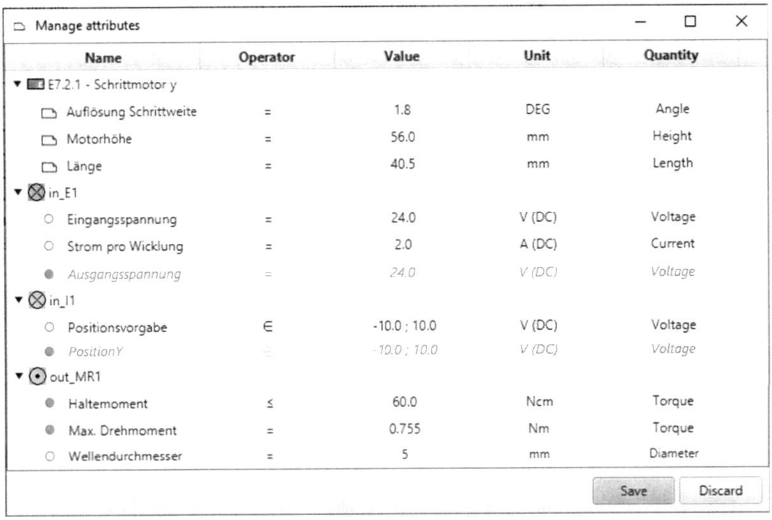

Abbildung 7.15: *Attributes* eines Schrittmotors der Klebestation
Attributes of a Stepper Motor of the Glueing Station

Dem Modellierenden bietet die *AttributesUI* eine vollständige Übersicht über alle Attributes des zugehörigen *FS-Component* und dessen *Ports* sowie deren via *Flows* verbundenen *Ports*. So können (eingehende) *Propagated Attributes* (kursiv-grau) direkt mit dem jeweiligen Portprofil abgeglichen werden. Über den linken grauen Radio-Button kann ferner die *Propagated*-Eigenschaft für das vorliegende Attribute aktiviert werden.
Spätere Editor-Erweiterungen zur Validierung der Komponentenverbindungen könnten dem Modellierenden zusätzliche Hinweise auf die mechanische oder elektrische Belastung von Verteilerkomponenten oder kompatible Kopplung von Datenverbindungen (Nachrichtenformat, Protokolltyp, Publishing-Frequenz) geben. Zusätzlich ist eine Generierung von Schalt-, Netzwerk- und Komponentenhierarchien aus den statischen Verbindungen denkbar.
Darüber hinaus dient die Interaction Structure als zentrale, interdisziplinäre Dokumentation um bspw. den durch einen Antrieb zu treibenden Funktionsstrang und dessen physikalische Eigenschaften nachzuschlagen.
Abbildung 7.16 zeigt das IS-Diagramm der Klebestation. Die der Vollansicht geschuldete Komplexität kann mittels Typfilter auf domänenspezifische Viewpoints reduziert werden.

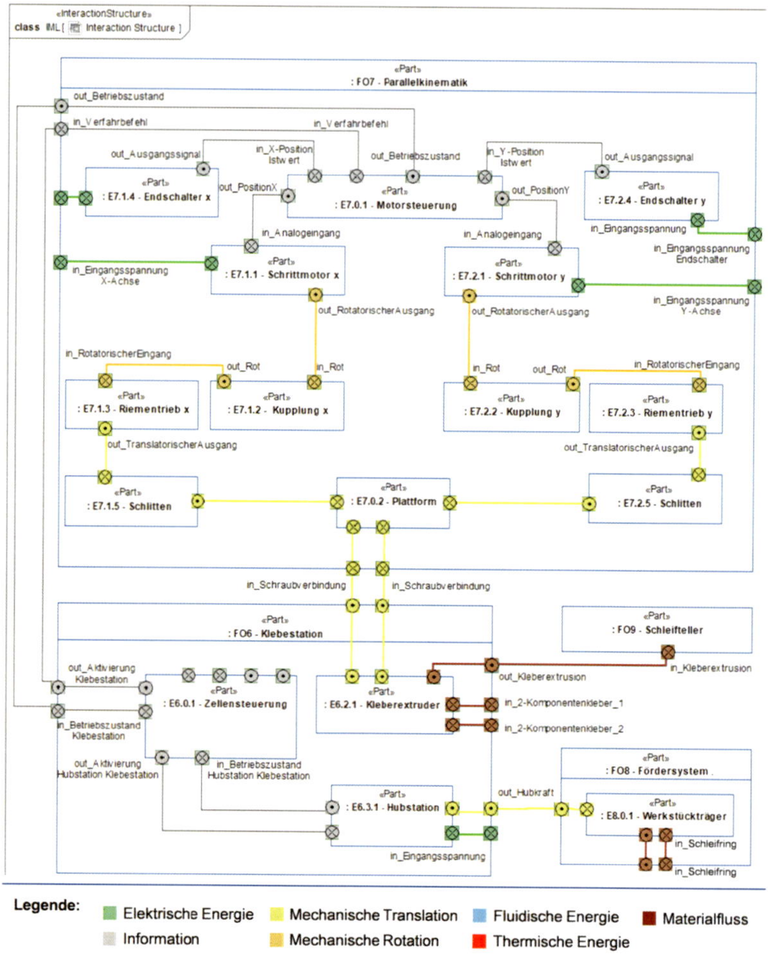

Abbildung 7.16: Interaktionsstruktur der Klebestation
Interaction Structure of the Glueing Station

7.2.3 Erstellung der Ablaufstruktur

Creation of the Sequential Behavior Diagram

Analog zur *IS*-Modellierung kann die Erstellung von Ablaufstrukturen, ausgehend von abstrahierten Abläufen hin zur Erstellung (wiederverwendbarer) Basisabläufe, ebenfalls parallel zur *FS*-Detaillierung erfolgen, wobei auch hier die diagrammkonsistente Wiederverwendung von *FS*-Elementen durch den Editor vorgegeben wird, Abbildung 7.17.
Zur Modularisierung können Abläufe in separate *SBDs* strukturiert werden.

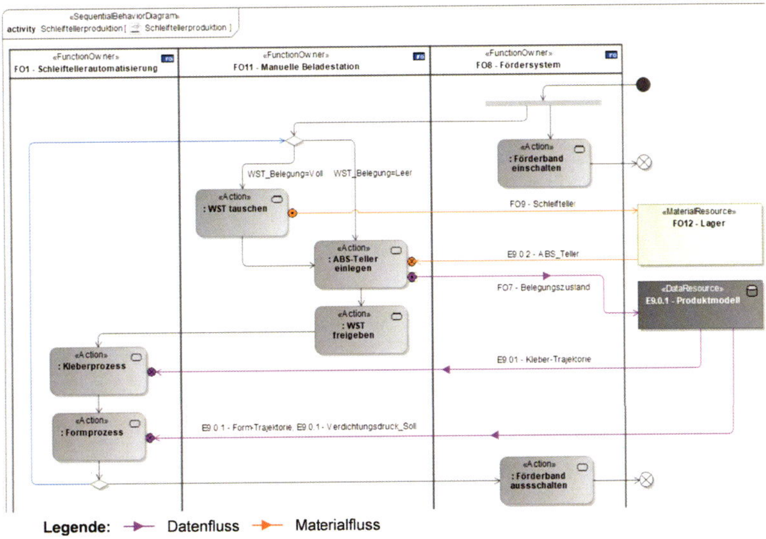

Abbildung 7.17: Globaler Ablauf einer Schleifelementproduktion
Global Sequence of the Grinding Disc Production

Das obige zustandsbasierte Verhaltensmodell zeigt die Hauptroutine der Schleiftellerproduktion. Neben der logischen Aktionsabfolge[4] bilden *Data Flows* zustandsorientierte bzw. dynamische Kommunikationsabfolgen. Im Beispiel wird ein Produktmodell als produktionssteuernder digitaler Zwilling eingesetzt, der iterativ Aktionssequenzen zur Prozessparametrierung durchläuft. Hierbei können disziplinübergreifend die *Variablen* (*Attributes, Status*) in das Produktmodell integriert werden, die später für den jeweiligen Produktionsprozess einer Produktvariante zu berücksichtigen sind, bspw. Einpressdruck, Klebe- und Formtrajektorien

[4] Pre, Post, Transition und Global Conditions wurden aus Darstellungsgründen ausgeblendet

als G-code-Dateien, zu rüstende WST-Variante, produktspezifische Rüstanweisungen am HMI der manuellen Beladestation etc.
Im vorliegenden Fall gibt der Ablauf damit jedoch keine absolute Spezifikation der Prozessparameter vor, sondern beschreibt ein Template, dass in einer späteren Implementierung zur Laufzeit zu validieren ist. Damit können analog Datenstrukturen wie *Structs* modelliert werden, die u. a. auch in NC-Steuerungen zur Synchronisation von Interpreter und der Treiberstufe zum Einsatz kommen. Durch das Hinzufügen eines *Attributes* kann zudem die Frequenz der Datenübertragung definiert werden.
Soll hingegen eine finale, statische Spezifikation des Ausführungskontext erfolgen, so stehen dazu *Parameter* zur Verfügung. Sie beschreiben entweder eine direkte Zuweisung oder, in Form eines *Data Flow*, den Dateneingang aus einer anderen Steuerung.
Aus der Menge und Art dieser Datenkommunikationen kann später eine angepasste Datenschnittstelle (Web-Interface, Datenbankzugriff etc.) abgeleitet werden.

Materialflüsse beschreiben stoffliche Ereignisse, deren Initiierung und Abschluss ggf. Vor- und Nachbedingungen von *Actions* darstellen. So ist im Beispiel die *Action: WST Tauschen* erst abgeschlossen, wenn das fertige Produkt *Schleifteller* abgelegt und der richtige WST eingewechselt wurde. Der Ablauf des Tauschs wird dabei typischerweise durch ein in der Action eingebettetes SBD beschrieben, wobei der neue WST-Typ durch den eingehenden Datenfluss des Produktmodells definiert wird.
Eine Anlagensteuerung kann derartige Materialflussereignisse jedoch nur auf Basis von Sensorsignalen bzw. Änderungen von Zustandsvariablen validieren. Um eine spätere korrekte Implementierung sicherzustellen, ist es möglich, einen *Material Port*, also Beginn oder Ende des Flusses, mit einer *Pre/Postcondition* logisch zu verknüpfen. Im Falle von *WST Tauschen* kann somit der Eingang des ABS-Tellers implizit durch die *Precondition* eine notwendige Voraussetzung für die Initiierung der *Action* darstellen.
Betrachtet man hingegen die *Action*-Abfolge *Kleberprozess - Formprozess*, so ist deren jeweilige Initiierung davon abhängig, dass das WST die jeweilige Station bereits erreicht hat, was im Modell als *Precondition* beschrieben ist. Der Modellierende hat sich jedoch dagegen entschieden, dies als separaten Material Flow zu modellieren, da diese das Modell überladen würden und die *Preconditions* eine formal korrekte Spezifikation darstellen. Analog zu Quellcodekommentaren sind *Material Flows* daher als interdisziplinäre Kennzeichnungen zu verstehen, die der Hervorhebung und Verständnisförderung eines Transfervorgangs dienen, der ggf. nicht direkt aus Zustandsänderungen ersichtlich ist. Wo die Grenze der Nützlichkeit liegt, muss durch unternehmensspezifische Modellierungsvorgaben definiert werden.

Ferner ermöglicht das *SBD* eine frühzeitige und domänenübergreifende Definition situationsspezifischer Fehlerbehandlungsmethoden von Ablauffehlern, sodass bspw. die maximale Transferdauer eines WST vom Klebe- zum Formprozess durch die Prozesstechnik definiert werden kann, deren Nicht-Einhaltung zur Einleitung einer Fehlerroutine führt, die eine zwingende Ausleitung des fehlerhaften WST und Nachführung eines typgleichen Ersatzes vorsieht. Diese ist in einem separaten SBD zu modellieren, auf das die entsprechende Precondition im Aktivierungszustand verzweigt.

Derartige domänenübergreifende Detailspezifikationen tragen wesentlich zu einer Senkung der Querkommunikation zwischen den Abteilungen und ggf. erforderlichen Nachbesserungen in späteren Projektphasen bei.

Der Export des *SBD* in die automatisierungstechnische Arbeitsumgebung und die Generierung des Zustandsautomaten gemäß Kapitel 7.1.3 zeigt Anhang E. Die erzeugte Programmstruktur ist ausführbar und entspricht der Ablauflogik des SBD-Diagramms.
Eine Persistierung des IML-Architekturkontexts eines generierten TIA-Elements ist jedoch nicht möglich, da die Elementspezifikationen nicht wie bspw. in Polarion durch weitere Datenfelder ergänzt werden können. Somit sind lediglich monodirektionale Elementreferenzen auf TIA-Objekte aus dem IML-Modell heraus möglich. Diese dokumentieren zwar die domänenspezifische Realisierung eines IML-Elements und können als Nachschlagreferenz auf den entsprechenden TIA-Projektkontext genutzt werden. CRUD-Zugriffe auf ein generiertes TIA-Element (Umbenennung, Verschiebung) müssen jedoch direkt mit dem IML-Modell abgeglichen werden, um die Synchronität zu erhalten.

7.3 Anwendung der IML-Methodik auf einen automatisierten Laborprozess

Application of the IML methodology to an automated laborartory process

Zur Ausweitung der interdisziplinären Komplexität wird im Folgenden ein zu automatisierender Laborprozess betrachtet, wo neben den produktionstechnischen Anforderungen auch biologische Bedingungen im Entwicklungsprozess zu berücksichtigen sind.

Beschreibung des biologischen Produktionsszenarios
Die Herstellung und Konditionierung[5] biohybrider, patientenspezifischer Gefäßprothesen aus humanoidem Zellmaterial[6] ist durch eine Vielzahl manueller Produktionsschritte gekennzeichnet. Das Zielprodukt ist eine, einem Gefäß nachempfundene, zylindrische Prothese bestehend aus einer extrazellulären Matrix menschlicher Muskelzellen und einer verstärkenden textilen Stützmatrix. Die Zylinderinnenfläche kleiden, analog zu „natürlichen" Gefäßen, Endothelzellen aus. [BREC16a]

Abbildung 7.18 zeigt die wesentlichen Produktionsschritte zur Herstellung einer Gefäßprothese. Die Sequenz besteht aus drei Hauptschritten:
(1) Spritzguss, (2) Ansiedelung Endothelzellen, (3) Konditionierung
In Phase (1), dem Verguss der Gefäßprothese, wird die vorbereitete Vergussform[7] mit einer Doppelspritze verbunden, in die zwei separate Ausgangslösungen (Fibrinogen und Zelllösung) eingesetzt sind. Beim Einspritzen werden die Lösungen homogen vermischt. Hierbei

[5] Die Aufzucht, in diesem Fall von Zellen, unter kontrollierten Umgebungsbedingungen
[6] (Nach)Gezüchtete menschliche Zellen aus Spenderzellen
[7] Gemäß Abbildung 7.18 ist im Schlauch die tubuläre Textilmatrix eingesetzt, in der wiederum der Stab eingeführt wurde, welcher zur Hohlraumbildung im Vergussprozess dient

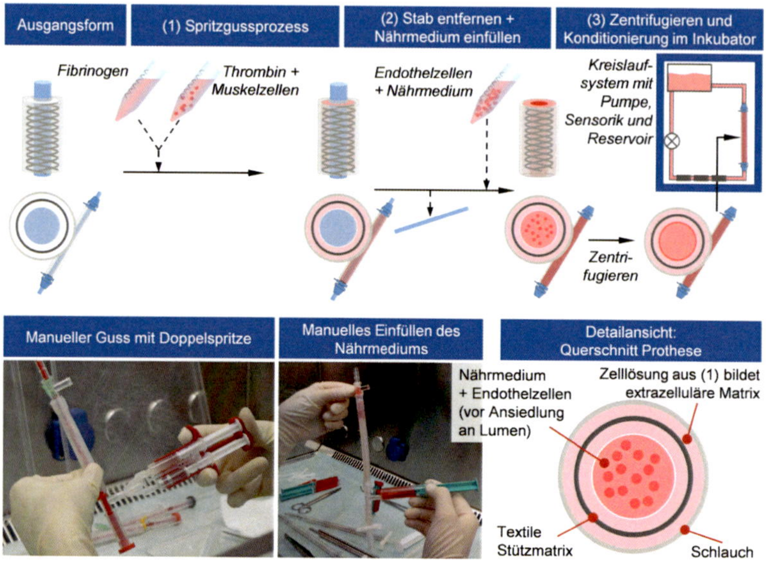

Abbildung 7.18: Aufbau und Herstellungsprozess einer biohybriden Gefäßprothese
Structure and Production Sequence of a Biohybrid Vascular Graft

sind zwei kritische Parameter zu beachten: Ein zu hoher Druck kann Scherkräfte auf Zellen im Verguss erzeugen, die zu einer möglichen Beschädigung der Zellen führen können. Zudem darf die Vergussgeschwindigkeit nicht zu hoch sein, da beim Durchströmen der eingesetzen Textilmatrix sich Turbulenzen und in der Folge Luftbläschen bilden können. Dies ist besonders kritisch, da die Lösung ca. 15 s nach dem Vermischen polymerisiert[8] und eingeschlossene Luftblasen die Prothese unbrauchbar machen würden.
Phase (2): Nach ca. einer Minute kann der Stab entfernt werden und es wird ein mit Endothelzellen angereichertes Nährmedium in den Hohlraum bzw. Kanal eingespritzt. Anschließend wird die Prothese für 6 Stunden um die eigene Achse rotiert, um die Ansiedelung der Endothelzellen an der Innenwand zu forcieren.
In Phase (3) muss die Prothese zur finalen Konditionierung (ca. 6 Tage) an ein Kreislaufsystem mit einem Nährmediumreservoir angeschlossen werden, welches folgende Aufgaben übernimmt. Das Nährmedium soll in einem, dem menschlichen Herzen gleichartigen, sinusförmigem Rhythmus die Prothese durchströmen, wobei kontinuierlich die pO_2- und pCO_2-Sättigung sowie Glukosespiegel und pH-Wert des Nährmediums überwacht werden

[8] Die Zelllösung geht in einen gelartigen Zustand über

müssen. Bei Unterschreitung der kritischen Grenzwerte, muss ein Austausch des Mediums erfolgen. Um konstante Umgebungsbedingungen (37,1 °C und 5% O_2) zu garantieren, soll die Konditionierung in einem CO_2-Klimaschrank (Inkubator) erfolgen.
Darüber hinaus muss die Produktion von Implantaten in einem Reinraum erfolgen, wobei die Produkte und Produktionsmittel der einzelnen Gefäßprothesen keinen Kontakt haben dürfen.

7.3.1 Erstellung der funktionalen Systemarchitektur

Creation of the Functional System Architecture

Gemäß des *Top-Down-Approachs* der IML-Methodik erfolgt auf Grundlage der Produktionssequenz und des Anforderungskatalogs initial die Erarbeitung der funktionalen Systemarchitektur durch ein interdisziplinäres Team.
Um eine parallelisierte Fertigung mehrerer patientenspezifischer Gefäßprothesen („Losgröße-1-Fertigung") bei gleichzeitiger Einhaltung der Reinheitsvorgaben zu ermöglichen, soll die Produktion auf Werkstückträgern basieren, die eine Kapselung des einzelnen Produkts innerhalb der Fertigung sicherstellen.
Die grundlegenden Anlagenfunktionen zur Herstellung zeigt Abbildung 7.19
Der funktionalen Anlagenstruktur liegen die Hauptphasen der Produktionssequenz zugrunde, die somit eine Aufteilung in zwei Produktionszellen vorsieht. Die Nutzung vorgangsorientierter Funktionsbezeichnungen unterstützt hierbei die Etablierung eines *gemeinsamen* Prozess- und Anlagenverständnisses im Entwurfsprozess der Anlagenarchitektur. Die Aufgliederung und Detaillierung der Anlagenfunktionen dient beim lesenden Erfassen als navigierende Unterstützung, wobei die Zuordnung der Funktionsträger den jeweiligen funktionalen Kontext (Rolle einer Komponente) eindeutig definiert.

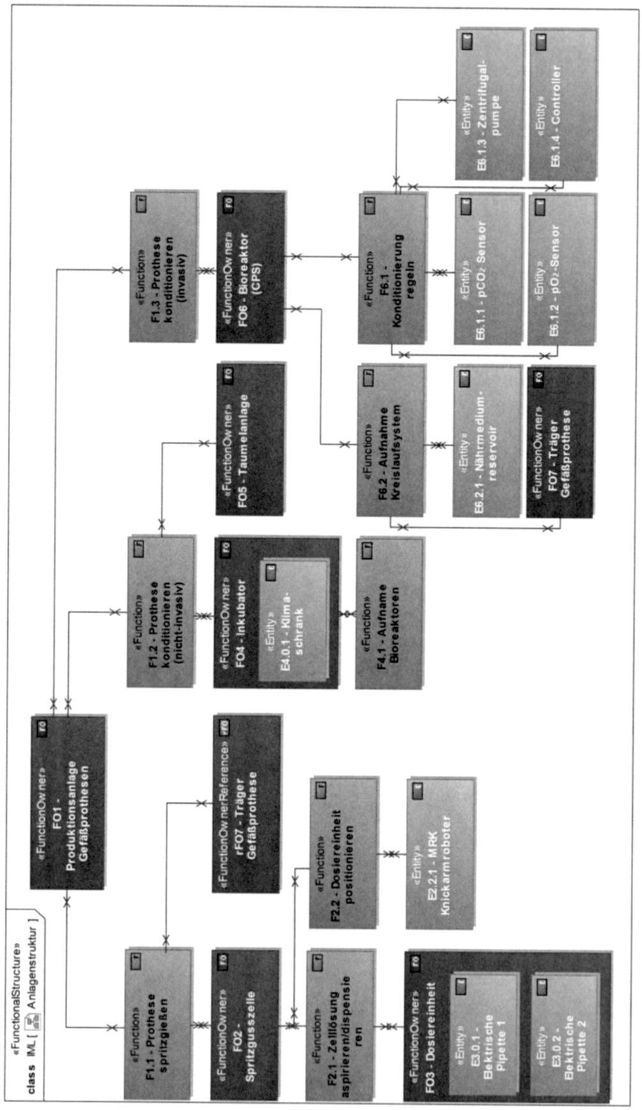

Abbildung 7.19: Architekturentwurf der automatisierten Bio-Produktionsanlage
Designing the Architecture of the automated biological Production System

Dies zeigt sich am Beispiel des Bioreaktors, der zur Implementierung der Funktion „Prothese konditionieren (invasiv)“ dient. Als mobiler CPS konzipierter Werkstückträger muss dieser wiederum zwei Unterfunktionen zur Umsetzung der Konditionierung realisieren, wovon die *Function* „Aufnahme Kreislaufsystem“ den *Function Owner* „Träger Gefäßprothese“ definiert, der im linken Ast als *Function Owner Reference* referenziert wird. Dies beschreibt, dass die im Spritzgussprozess genutzte Trägereinheit für die Konditionierung (durch Aufstecken auf den Bioreaktor) weiterverwendet wird. Der Bioreaktor selbst, der die Konditionierung einer einzelnen patientenspezifischen Prothese regelt, kann wiederum als Multi-Referenz durch die Function „F4.1 - Aufnahme Bioreaktoren“ genutzt werden, um die Kapazität der Aufnahmeeinheit des Inkubators (Zukaufkomponente) zu bestimmen.

Über die AttributesUI können domänenübergreifend Komponenten- und Prozessparameter definiert werden, die in der nachfolgenden domäenenspezifischen Engineering-Phase als Zielgrößen für die Ausgestaltung der jeweiligen Komponente zu berücksichtigen sind, vgl. Abbildung 7.20 zur Dosiereinheit der Spritzgusszelle. Diese Form der zentralisierten

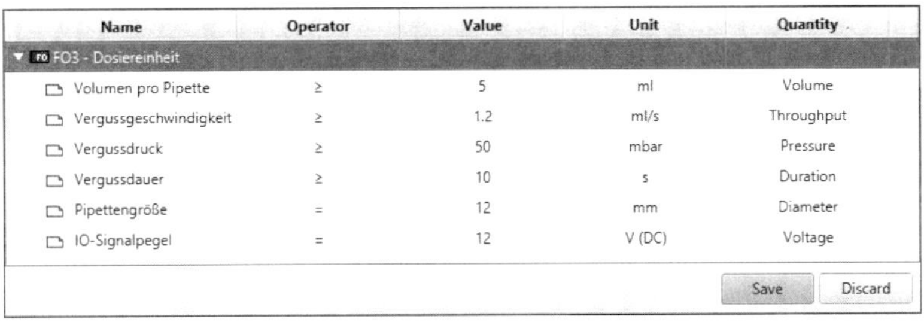

Abbildung 7.20: Domänenübergreifende Definition technischer Parameter der Dosiereinheit (Spritzgusszelle) mittels der Attributes UI
Domain-spanning Defintion of technical Parameters of the Dispensing Unit (Moulding Cell) with the Attributes UI

Systemspezifikation unterstützt dabei die Ausprägung und Einigung eines gemeinsamen Systemverständnisses und reduziert in späteren Phasen auch redundante, ggf. verlustbehaftete Querkommunikation, da die Disziplinen alle relevanten Informationen komponentenspezifisch extrahieren können.

Wie das vorige Beispiel in Kapitel 7.2.1 zeigt, stehen zudem alle domänenübergreifenden Anforderungen, wie bspw. die *Begrenzung der maximalen Dispensiergeschw. im Spritzgussprozess* als biologisch-bedingte Anforderung, über das Requirements-Plugin zur Verfügung und können direkt mit dem jeweiligen *Function Owner* bzw. *Attribute* verknüpft werden, vgl. Abbildung 7.20.

Dies gilt analog für weitere Engineering-Dokumente, wie biologische Herstellungsanweisungen (SOP[9]), CAD-Dateien oder Technische Spezifikationen von Zukaufteilen.

7.3.2 Erstellung der Interaktionsstruktur

Creation of the Interaction Structure

Auf Basis der initial erarbeiteten Anlagenarchitektur, Kapitel 7.3.1, kann das Entwicklungsteam die Wirkprinzipien als statische Komponenteninteraktionen zur Umsetzung des Produktionsprozesses erarbeiten. Die vorgegebene Wiederverwendung der definierten FS-Elemente und der zugehörigen Hierarchien unterstützen hierbei als Leitlinie, im Sinne des modellkonsistenten Paradigmas von IML, die Erhaltung der modellierten Systemarchitektur innerhalb des Modellverbunds (FS, IS, SBD).

Abbildung 7.21 zeigt die domänenübergreifende Wirkstrukturmodellierung am Beispiel des als mobiler CPS-Plattform konzipierten Biorektors, auf dem die finale Konditionierung einer patientenspezifischen Gefäßprothese ablaufen soll.
Basierend auf der Definition des fluidischen Konditionierungskreislaufs (blau) erfolgt der Aufbau des autarken, gekapselten Reaktors, der später durch die mechanische Konstruktion, in Verbindung mit den verknüpften Anforderungen, auf eine vertikal aufgehängte GFK-Platte überführt wird, wobei das Kreislaufsystem über Klick-Systeme befestigt wird.
Auszug: Anforderungen an Bioreaktor

- *Vertikale Montage des Kreislaufsystems, mit dem Nährmediumreservoir am höchsten Punkt, damit selbiges als Luftfalle fungiert*
- *Werkzeugloser Austausch des Kreislaufsystems*
- *Austausch aller invasiv-arbeitenden Komponenten nach einem Fertigungszyklus (Einweg)*

Weitere mechanische Informationen bspw. zur Auslegung des Nährmediumreservoirs (Füllvolumen, Anschlüsse) können direkt aus den spezifizierten *Attributes* extrahiert werden, vgl. Abbildung 7.21 unten.
Die Steuerung der gekapselten Konditionierung erfolgt über den integrierten Wireless-Controller durch einen, folgend einer späteren Designentscheidung, lokalen Steuerungsagenten. Dieser zeichnet, gemäß der Medizinprodukt-Richtlinie, alle klinischen Daten des patientenspezifischen Konditionierungsprozesses über die angeschlossene Sensorik als Produktionshistorie auf. Gleichzeitig kommuniziert der Agent kontinuierlich den Betriebszustand des lokalen Prozesses an die übergeordnete Anlagensteuerung, vgl. InformationFlow an *Part* Controller, und zeigt darüber auch Ereignisse, wie einen zeitnahen erforderlichen Tausch des Nährmediums an.

[9] SOP: Standard Operating Procedure. Beschreibt den standardisierten Ablauf von Laborvorgängen

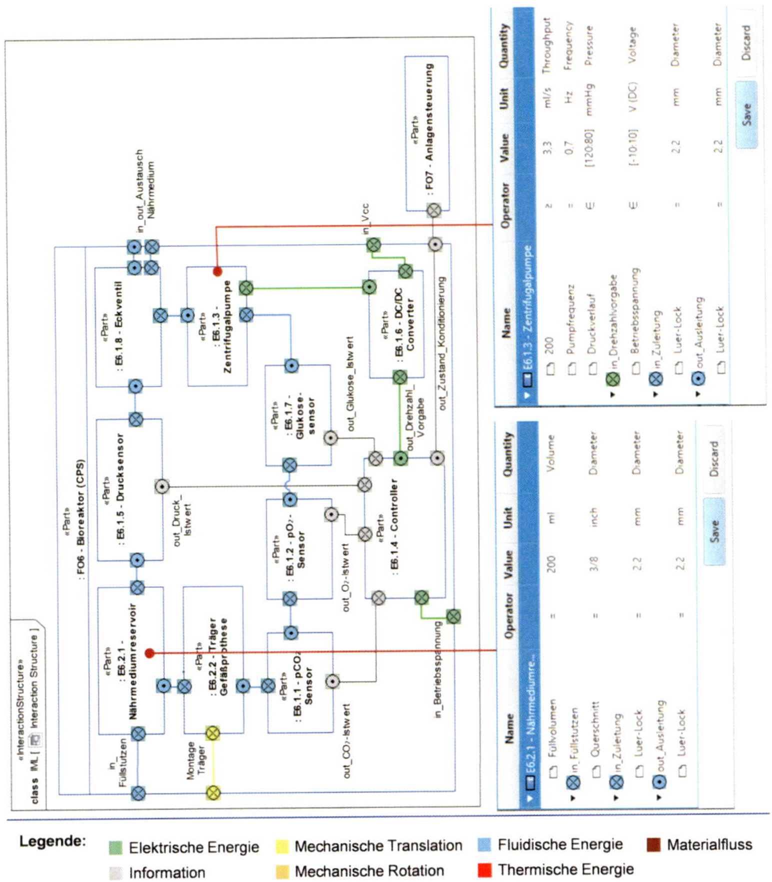

Abbildung 7.21: Detailansicht der Wirkstruktur des Bioreaktors
Detail view on the Interaction Structure of the Bioreactor

Das Beispiel veranschaulicht damit die Zusammenführung verschiedener Domänenperspektiven, die eine interdisziplinäre Definition der Wechselwirkung von produktionstechnologischen und biologischen Prozessgrößen ermöglicht. So können Design Entscheidungen zur Umsetzung von funktionalen Wirkprinzipien, die auf der Interaktion mehrerer Fachdisziplinen basieren, hier entschieden und kompakt dokumentiert werden. Die zur verbesserten Verständlichkeit bewusst reduzierte Sprachsyntax zeigt sich dabei als geeignetes Instrument zur Formulierung aller relevanten Schnittmengeninformationen der domänenübergreifenden Komponenteninteraktion.

7.3.3 Erstellung der Ablaufstruktur

Creation of the Sequential Behavior Diagram

Die im FS-Diagramm definierten *Processes* dienen als modulare, parametrisierbare Aktionen (Basis-Templates) zur modellkonsistenten Erstellung komplexer Abläufe in SBDs, welche spezifische Prozesssequenzen darstellen, wie bspw. Spritzguss- und Konditionierungsverläufe für verschiedene Gefäßprothesentypen, vgl. Abbildung 7.22.
Die Zielstellung für das interdisziplinäre Team ist hierbei, ein gemeinsames Prozessverständnis zu erarbeiten, das die Quintessenz der zur Umsetzung des Ablaufs erforderlichen Maschineninteraktionen, steuerbaren Prozess- und Maschinenparameter, sowie der zu überwachenden Betriebszustände abbildet. Diese gemeinsame Schnittmenge bildet dann im späteren Entwicklungsprozess die Grundlage zur Entwicklung der Basisfunktionen von Maschinenmodulen, der Dateninfrastruktur und -schnittstellen sowie der Steuerungsprogrammierung.

Alle zur Ausführung des Ablaufs erforderlichen funktionalen Maschinenmodule werden initial identifiziert und als *Swimlanes* (Prozessressourcen) modelliert. In der Folge werden diesen die auszuführenden *Actions* (Templates) zugewiesen, die durch das vorliegende konditionale Vokabular (*Transition Flow*, *Conditions*) zu einer Sequenz verknüpft werden. Die einzustellenden Betriebsparameter bei der Ausführung der Aktion erfolgt durch die Wertzuweisung der *Parameter* [→] einer *Action*, deren Ausführungskontext (zu erreichende (messbare) Maschinenzustände) wiederum durch lokale (*Pre/Postconditions*) und *Global Conditions* spezifiziert ist. Im Beispiel können somit Biologe und Automatisierungstechniker in einem zentralen Format die Interaktion der Maschinenmodule definieren und durch die prozess- und qualitätsrelevanten Prozessparameter anreichern, die über ihre Definition auch direkt mit der entsprechenden Ressource verknüpft sind. Die Analogie in der Sprachsyntax zu biologischen Handlungsanweisungen sowie automatisierungstechnischen Ablaufbeschreibungen ist dabei von zusätzlichem Vorteil.
Diese Ablaufspezifikation dokumentiert somit eine eindeutige Vorgabe einer Domäne (bspw. prozesstechnische), die durch eine andere Domäne (bspw. automatisierungstechnische) bei der Implementierung zu berücksichtigen ist. Sie dient dieser zugleich als zentrales Nachschlagewerk, welche den Ablauf in einer komprimierten und interdisziplinär-verständlichen Notation für den späteren Entwicklungsprozess dokumentiert.

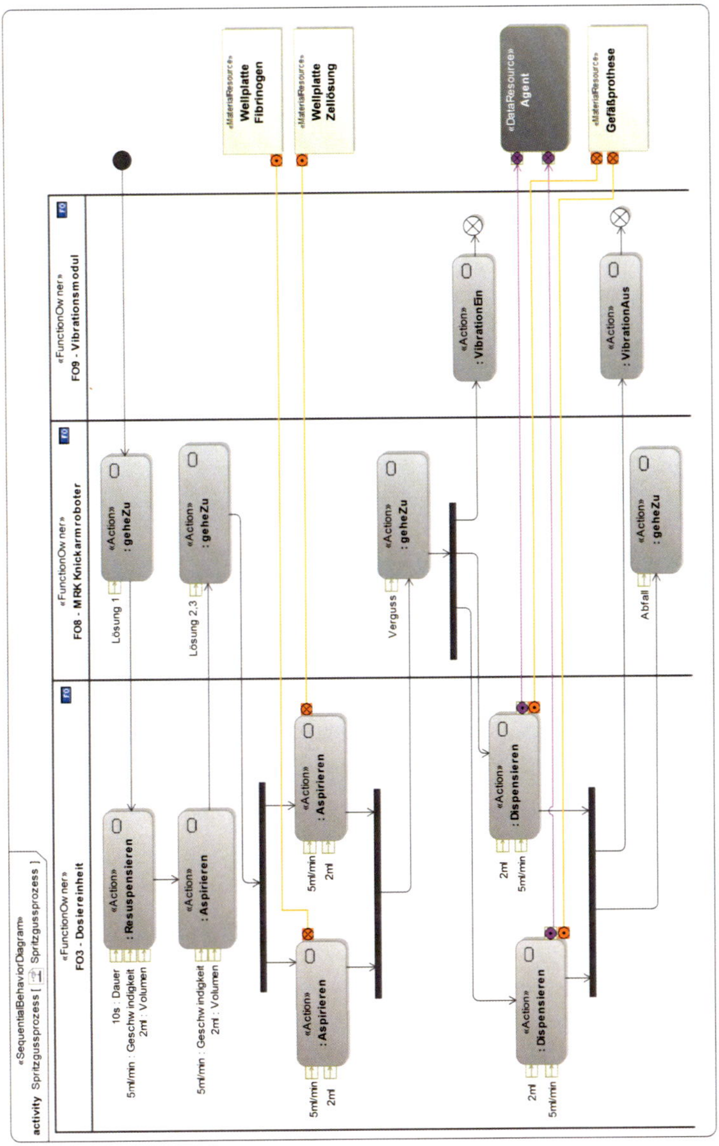

Abbildung 7.22: Ablaufsequenz eines Spritzgussprozesses einer Gefäßprothese als SBD
Moulding process sequence of a vascular graft as a SBD

Anders als im vorigen produktionstechnischen Szenario zeigt die vorliegende Sequenz kein Template, sondern den konkreten Ablauf eines Spritzgussprozesses mit präzisen Parameterangaben wie Dosiergeschwindigkeiten, Zielpositionen, Zu- und Abschaltung von Modulen für eine spezifische Variante einer Gefäßprothese.
Der eingangs beschriebene manuelle Vergussprozess mittels einer Doppelspritze wurde dabei in eine von einem Roboter geführte Dosiereinheit mit zwei elektrische steuerbaren Pipetten überführt (Dosiereinheit), vgl. FS-Diagramm in Abbildung 7.19. Nach dem 10s langen Vermischen (Resuspensieren) und Aufnahme (Aspiration) der entsprechenden Medien, vgl. *Action Parameter* in gelb, durch die Pipetten erfolgt das Einspritzen (Dispensieren) in die Gussform in einem parallelisierten Prozess (unten links), wobei gleichzeitig die Vibrationseinheit zur Entfernung möglicher Luftblasen zugeschaltet wird. Neben den biologischen Prozessvorgaben kann hier mittels *Material Flows* (orange) auch der Materialtransfer aus den Wellplatten über die Pipetten in die Gefäßprothese dokumentiert werden, als auch der zur Erstellung der Produktionshistorie kontextspezifische Datentransfer (lila) der applizierten Prozessgrößen im Verguss. Zustandsbasierte Bedingungen, die den Ausführungskontext und initiale wie terminale Bedingungen einer jeden *Action* definieren (*Transition-, Pre-, Post-, Global Conditions*) sind hier aus Darstellungsgründen ausgeblendet. Diese Bedingungen könnten auch dazu genutzt werden, um fehlerbedingte Abbruch- und Fehlerbehandlungsstrategien zu spezifizieren.
Würden die Positionsangaben durch konkrete Koordinaten ergänzt und die Ressourcen mit realen Objekten verlinkt, wäre die Interpration des Ablaufs durch eine reale Steuerung denkbar.

7.4 Fazit der Evaluation

Conclusion of the Evaluation

Die Evaluation der entwickelten Spezifikationssprache erfolgte durch die Implementierung einer verketteten, datenkonsistenten Modellierungsumgebung, um die methodischen Workflows und interdiziplinäre Anwendung an zwei praktischen produktionstechnischen Anwendungsbeispielen mit verschiedenen beteiligten Fachdomänen zu demonstrieren.
Die Ergebnisse zeigen auf, dass der entwickelte Sprachansatz eine geeignete Lösung darstellt, um die interdisziplinäre Kooperation im Entwicklungsprozess produktionstechnischer Systeme zu unterstützen und variantenreiche mechatronische Systemarchitekturen zu beschreiben. Gleichzeitig wurden in Bezug auf die Datenstruktur und Notationsform Hindernisse aufgezeigt, deren Bewältigung weitere Forschungsarbeiten erfordert.
Im Hinblick auf die in Kapitel 3 aufgestellten Forschungsfragen (FF) sowie der daraus abgeleiteten Anforderungen an eine Spezifikationsmethodik aus Kapitel 4 lassen sich die Evaluationsergebnisse folgendermaßen gliedern:

Aufbau und Notation
Ausgehend von der in FF 3.1 geforderten modellkonsistenten, entwicklungsbegleitenden und interdisziplinären Spezifikationssprache sowie der daraus im Kontext von Anforderung 4.8 aufgezeigten Spannungsfelder gegenläufiger Modellierungsextreme konnten durch den

funktionalen, datendurchgängigen Ansatz als grundlegendes IML-Paradigma (Anforderung 4.6) in einem Kompromiss zusammengeführt werden.
So fördert die bewusste Begrenzung des Notationsumfangs und eindeutiger Modellierungsvorgaben die Etablierung einer einheitlichen, domänenübergreifenden Architekturdefinition, um dem wiederkehrenden Spagat zwischen der detailorientierten Systemmodellierung einerseits und der verständlichkeitsorientierten Beschränkung auf *essentielle Assets zur funktionalen Implementierung* andererseits zu begegnen, Anforderung 4.3. Die dabei geschaffene Fokussierung auf den Begriff der Anlagenfunktion und der damit verbundenen funktionalen Implementierung (Funktionaler Ansatz) als Top-Down-Approach fördern den in FF 3.1 geforderten „kreativen, anforderungsorientierten Lösungsfindungsprozess" und die Etablierung eines übergreifenden Systemverständnisses.
Erforderliche Spracherweiterungen, wie die (mathematische) Spezifikation der Energietransformationen von IS-Elementen oder der Einführung logischer Ebenen (Automatisierungsebenen) in der FS, können als Metamodell-Erweiterung (*Profile*) ergänzt werden, vgl. Abbildung 7.2. Um hingegen semantisch standardisierte (ggf. unternehmens- oder projektspezifische) Bezeichnungen produktionstechnischer System-Assets zu ermöglichen, ist eine Erweiterung für ontologische Standards erforderlich, vgl. Kapitel 6.2.

Eindeutigkeit und Wiederverwendung
Die geforderte Modellkonsistenz aus Anforderung 4.7 konnte durch die Ableitung von IS- und SBD-Typinstanzen auf Basis bestehender FS-Elemente als Elementreferenzen umgesetzt werden, die anschließend diagrammspezifisch durch Attribute erweiterbar sind. Der hierdurch erzielbare eindeutige funktionale Kontext von IML-Teilmodellen als auch die Datenkonsistenz der Modellelemente konnte im Demonstrationsszenario nachgewiesen werden.
Hierdurch wird ein einheitliches Systemverständnis aller beteiligten Parteien geprägt (FF 3.1), sodass das Modell als zentrales Wissensmanagement dient, Anforderung 4.1, wobei die Integration von Lösungsalternativen eine dauerhafte Nachvollziehbarkeit von Designentscheidungen *für eine bestimmte* Systemarchitektur ermöglichen, Anforderung 4.5. Es ist zu erwarten, dass dies zu der in FF 3.1 anvisierten Minderung des entwicklungsbegleitenden kommunikativen Aufwands (Querkommunikation) führt, da jeder Projektmitarbeiter die für seine Teilaufgabe (ggf. aus anderen Fachbereichen stammenden) relevanten Spezifikationsdaten unmittelbar aus dem Architekturmodell extrahieren kann, vgl. Fehlerbehandlungsmethode, Attributes etc. Die praktische Bestätigung und Quantifizierung des Nutzens erfordert jedoch langfristige Testphasen geschulter Entwicklungsteams.

Gleichzeitig besteht ein Optimierungspotential in Bezug auf die metamodelltechnische Verknüpfung zwischen IS- und SBD-Diagrammen. So wäre bspw. die Verlinkung dynamischer *Data Flows* eines SBD mit den statischen *Information Flows* denkbar, um neben *Propagated Attributes* auch *Propagated Data* auf *Flows* zu spezifizieren. Zur Sicherstellung der Formalität des Modells, ließe sich dadurch ein automatisiertes Feedback an den Modellierenden generieren, ob für den konfigurierten Data Flow bereits eine Datenverbindung zwischen den Teilnehmern existiert. Zusätzlich könnte aus den ggf. unterschiedlichen Übertragungsfrequenzen unmittelbar die passende Bustechnologie abgeleitet werden.

Anbindung und Generierung domänenspezifischer Partialmodelle

Die in FF 3.2 geforderte Integration von Partialmodellen in das IML-Modell als auch deren Generierung aus selbigem (Code-Pattern-Generation) konnte mittels der gezeigten Kopplung und des fokussierten Workflows aus Kapitel 6.1 demonstriert werden, Anforderung 4.2. Eine Ausweitung auf weitere domänenspezifische Modelle (Mechanik, Prozesstechnik, Elektrotechnik etc.) ist bereits in der Sprache vorgesehen, jedoch sind dazu weitere Arbeiten erforderlich.

Gemäß FF 3.2 ermöglicht der zentralistische Ansatz den Austausch von Modellelementen, über das IML-Modell hinweg, zwischen verschiedenen Partialmodellen, bspw. von ablaufspezifischen Anforderungen in generierte TIA-Ablaufprogramme. Die gezeigte Integration spezifischer Expertentools unterstützt somit die Beibehaltung gewohnter Abläufe und Arbeitsweisen.

Damit geht jedoch ein nicht unerheblicher Implementierungsaufwand einher, da die Integration eines Werkzeugs und dessen proprietäre Datenstruktur die Entwicklung eines angepassten Datenadapters und eines Transferformats erfordert. Es ist jedoch zu erwarten, dass OSLC[10] als aufkommendes herstellerneutrales Schnittstellenformat in Zukunft eine geeignete Alternative darstellt, sobald es in der Breite unterstützt wird.

In den gleichen Kontext ist die aufgezeigte Problematik einzuordnen, dass im Falle fehlender Features zur Modellreferenzierung lediglich monodirektionale Kopplungen von Engineering-Applikationen anstatt des von FF 3.2 geforderten konsistenten Round-Trips möglich sind.

Editor und Sprachimplementierung

Das zentralistische Datenmodellkonzept und die darauf angepassten Modellierungsunterstützungen haben sich als praktikabel und intuitiv erwiesen. Durch die direkte Integration des Datenmodells in ein propritäres Applikationsformat ist jedoch weder eine autarke Nutzung des Modells, noch eine aufwandsarme Erweiterung des Metamodells möglich.

Eine geeignete Alternative zeigen hier Wissensgraphen auf, die als werkzeugunabhängige sowie flexibel erweiterbare Datenstrukturen eine separate Modellinstanz bilden. Das IML-Modell würde dann als Partialmodell direkt auf diese Metainstanz referenzieren, die darüber hinaus weitere ggf. architekturunabhängige Aspekte der Produktionsmaschine beinhalten würde, vgl. Kapitel 6.2.

[10]OSLC: Open Services for Lifecycle Collaboration

8 Zusammenfassung und Ausblick

Summary and Outlook

8.1 Zusammenfassung

Summary

Diese Arbeit beschreibt ein Sprachkonzept (Interdisciplinary Modeling Language) für die Systemspezifikation produktionstechnischer Systeme. Konzipiert nach einem funktionalen Modellierungsparadigma ermöglicht der Ansatz die anforderungsbasierte Ableitung eines formalen domänenübergreifenden Architekturmodells und die anschließende Generierung von domänenspezifischen Teilmodellen. Als zentrales, durchgängiges Systemmodell dokumentiert es alle interdisziplinär relevanten Designentscheidungen im interdisziplinären Entwicklungsprozess und dient als Kommunikationsplattform und phasenübergreifendes Wissensmanagement.

Zur Bestimmung der für eine modellbasierte Beschreibung produktionstechnischer Systeme erforderlichen Modellierungselemente und -strukturen erfolgte im Stand der Technik zunächst eine umfassende Betrachtung von Architekturvarianten und der grundlegenden mechatronischen Wirkprinzipien. In Ergänzung erfolgte eine Diskussion von Vorgehensmodellen für den interdisziplinären Produktentwicklungsprozess, um Abhängigkeiten und Vorteile von methodischen Ansätzen zur Systemmodellierung für die spätere Konzipierung des grundlegenden Modellierungsparadigmas herauszuarbeiten.
Den Abschluss bildete eine umfassende und detaillierte Betrachtung und Bewertung der variantenreichen, modellbasierten Ansätze zur Architekturmodellierung technischer Systeme. Die vergleichende Analyse zeigte im Kontext der stark interdisziplinär geprägten produktionstechnischen Domäne Defizite auf, insbesondere im Hinblick auf die Syntax und Notation, Sprachintuitivität und der semantischen Umsetzung funktionaler Komponentenhierarchien, aus dem sich der Handlungsbedarf und Motivation der vorliegenden Forschungsarbeit ableitet.

Mittels einer anschließenden Analyse gängiger Spezifikations- und Datenformate heutiger dokumentenbasierter Entwicklungsprozesse sowie dem Informationsaustausch zwischen den Domänen wurden funktionale Anforderungen an eine modellbasierte Spezifikationssprache für die produktionstechnische Domäne aufgestellt.
Auf dieser Basis erfolgte die Erarbeitung der Sprachstruktur der Interdisciplinary Modeling Language. Die wesentlichen Charakteristika der Sprache sind die Folgenden:

- Funktionaler Ansatz zur Etablierung eines einheitlichen Systemverständnisses durch Datenkonsistenz und konsequente Wiederverwendung der grundlegenden Architekturdefinition
- Modellierungsparadigma der alternierenden Realisierung von Anlagenfähigkeiten mittels funktionaler Komponentenstrukturen
- Drei Diagrammtypen und Beschränkung auf Schnittstelleninformationen
- Eindeutige Elementtypen und Erweiterung vertrauter Notationen zur Erstellung intuitivlesbarer sowie formaler, standardisierter Systemmodelle
- Integration und elementspezifische Verlinkung verwandter Partialmodelle
- Generierung initialer domänenspezifischer Modelle (Code-Pattern-Generation)

Zur Validierung des Sprachansatzes wurde ein prototypischer IML-Editor entwickelt, der, eingebettet in eine datendurchgängige Toolchain, eine methodische Systemspezifikation von der Anforderungsdefinition über den Systementwurf bis zur Generierung domänenspezifischer Modelle (hier am Beispiel der Automatisierungstechnik) demonstriert, Abbildung 7.1. Die Modellierungsumgebung beschreibt, unter Einbeziehung einer methodischen Vorgehensweise, exemplarisch die Etablierung eines domänenübergreifenden semantisch standardisierten Architekturmodells. Als zentrale Spezifikations- und Kommunikationsplattform standardisiert und fördert es die phasenübergreifende Erarbeitung, Persistierung und Extrahierung innerhalb des interdisziplinären Produktentwicklungsprozesses unter Beibehaltung gewohnter Entwicklungsabläufe und Systemstrukturierungen.
Am Beispiel eines produktionstechnischen und eines biotechnologischen Szenarios konnte die praktikable Anwendbarkeit des Sprachansatzes im interdisziplinären Entwicklungsprozess, die Reduzierung des Modellierungs- und Kommunikationsaufwands sowie die datendurchgängige Architekturdefinition nachgewiesen werden.

Der Ansatz liefert damit einen wichtigen Beitrag zur semantischen Architekturmodellierung durch die Einführung einer domänenspezifischen Spezifikationssprache für den Systementwurf produktionstechnischer Maschinen und Anlagen. Durch die konsequente Implementierung eines funktionalen Ansatzes, des durchgängig modellkonsistenten Konzepts der Diagrammtypen sowie einer intuitiv wie schlanken Notationsformen ermöglicht IML eine anforderungsorientierte Produktentwicklung durch heterogen geprägte Experten-Teams. Die Skalierung auf weitere produktionstechnische Anwendungsfälle wurde bereits in der Konzeptionierung als flexible, erweiterungsfähige Syntax sowie der anwendungsspezifischen Integration weiterer Partialmodelle berücksichtigt, wobei aus der Ausweitung wichtige Impulse zur Weiterentwicklung der Sprache zu erwarten sind.

8.2 Ausblick

Outlook

Das entwickelte Sprachkonzept zeigt einen domänenspezifischen Ansatz, der auf unterschiedliche Varianten produktionstechnischer Systeme anwendbar ist. Während die Quantifizierung der Effizienzsteigerung und ggf. praxisbezogene Anpassungen des Konzepts zunächst Testreihen geschulter Entwicklungsteams voraussetzt, so können aus den gezeigten Ergebnissen bereits folgende Optimierungspotentiale benannt werden:

Zur Ausweitung der konsistenten IML-Modellierung ist eine stärkere Kopplung zwischen IS- und SBD-Diagramm anzustreben. So könnten dynamische Datenflüsse (*SBD Data Flows*) und der *SBD Logic Condition* mit den definierten statischen IKT-Verbindungen (*IS Information Flows*) abgeglichen und im Hinblick auf ggf. fehlende Datenkopplungen zwischen zwei kommunizierenden Endgeräten validiert werden. Diese Abhängigkeiten können als semantische Kopplung zwischen den Diagramm formuliert und anschließend zur Generierung von Kommunikationstopologien genutzt werden.
Zur Validierung der im IS-Diagramm modellierten mechatronischen Wirkstrukturen ist eine Generierung von Bondgraphen-basierten 1D-Modellen (vgl. Modelica) auf Basis der spezifizierten energetischen Kopplungen denkbar. Darüber hinaus kann durch die Einbindung von Transformationsvorschriften in IS-Parts sowohl das Übertragungsverhalten energetischer Wandler, als auch die funktionale Kopplung der Ports eines Elements beschrieben werden.

In Bezug auf Ablaufmodelle ist die Integration einer Testautomatisierung denkbar, um generische Ablauftests verschiedener Ausgangssituationen und Aktivierungssequenzen der Systemzustände als Batchsimulationen durchzuführen. Somit könnte das Verhalten und die Robustheit des Maschinenverhaltens unter variierenden Bedingungen getestet und mögliche Fehlerquellen (wie Ablauffehler) automatisiert identifiziert werden. Ein geeigneter methodischer Ansatz ist u. a. die Berechnung von Erreichbarkeitsgraphen auf Basis von Inzidenzmatrizen.

Neben der funktionalen Hierarchie ist eine parallele Einführung von Gliederungsebenen wie bspw. Automatisierungslevel, Komponentenstrukturen oder logistische Verkettungen denkbar, um eine domänenspezifische Modularisierung sowie die Definition der Modulschnittstellen (als Datenschnittstellen zwischen Automatisierungsebenen) zu ermöglichen. Damit einher kann auch die Einführung individueller Viewpoints als optimierte Ansichten für dedizierte Fachdisziplinen gehen.

In Bezug auf die o. g. Automatisierungslevel, ist eine Generierung von OPC UA Informationsmodellen aus denselben denkbar, wobei sich *Processes* und *Status* den OPC Nodes als Methoden und Variabeln zuordnen ließen. Die Persistierung des Architekturkontexts in den generierten OPC Tags ermöglicht somit eine indirekte semantische Anreicherung der Maschinendaten für Monitoring- und Datenanalyseapplikationen.

Gleichzeitig verstärkt die Kopplung und Generierung weiterer Partialmodelle das bisher ungelöste Problem effektiver Round-Trip-Synchronisierungen, die bisher lediglich als monodirektionale Referenzen ausgeführt werden können. Es ist zu erwarten, dass dies erst durch eine flächendeckende Unterstützung herstellerneutraler Dateninterfaces wie bspw. OSLC gelöst werden kann.
Eine aussichtsreiche Alternative zum zentralistischen Ansatz bilden die in Kapitel 6.2 beschriebenen Wissensgraphen (*Linked Data Approach*), die neben der Integration semantischer Ontologien (eCl@ss etc.) auf die flexible Erweiterung von Partialmodellen optimiert sind. So ist neben der bereits diskutierten Integration weiterer produktionstechnischer Partialmodelle auch die Anbindung bspw. kaufmännischer oder PLM-Modelle sowie von Betriebsdaten als Ausweitung der Wissensmanagment-Plattform denkbar, sodass u. a. Teilenummern, Zulieferer und Bestellworkflows oder länderspezifische Betriebs- und Entsorgungsvorgaben für mechatronische Komponenten sowie Datentraces realer Anlagenkomponenten verknüpft werden könnten.
Dies eröffnet zusätzlich neue Potentiale zur Kooperation mit Partnerunternehmen. Durch die Freigabe eines Teilmodells der funktionalen IML-Spezifikation könnten diese im Sinne eines Pflichtenhefts einem Zulieferer zur Ausarbeitung einer technischen Lösung freigegeben werden, der das ergänzende Teilmodell des Zusatzmoduls direkt in das Systemmodell einpflegt. Zur Wahrung der Intellectual Property ist hierzu jedoch die Integration eines exklusiven Zugriffsmanagements erforderlich.

Abschließend ist festzuhalten, dass ein Erfolg des vorgestellten Ansatzes letztlich maßgeblich von der Verbreitung bzw. dem Überschreiten einer kritischen Nutzeranzahl abhängig ist. Dies setzt jedoch eine möglichst offene Verfügbarkeit der Sprache und eines geeigneten Autorenwerkzeuges voraus, um eine Zunahme anschaulicher Applikationsbeispiele zu fördern und somit die anvisierte Etablierung von IML zu erzielen. Aus der sich dabei bildenden Nutzerbasis sind zusätzlich zukunftsweisende Impulse und Erweiterungen zur Verfeinerung der Sprache zu erwarten.

Summary and Outlook

Summary

This thesis describes a language concept (Interdisciplinary Modeling Language) for the system specification of production systems. Designed according to a functional modeling paradigm, the approach allows the requirements-based derivation of a formalized cross-domain architecture model and the subsequent generation of domain-specific sub-models. As a central, data-consistent system model, it documents all design decisions relevant to the interdisciplinary development process and serves as a communication platform and cross-phase knowledge management.

In order to determine the modeling elements and structures required for a model-based description of production systems, an initial comprehensive analysis of architectural variants and the basic mechatronic operation principles was carried out in the state of the art and research. In addition, procedural models for the interdisciplinary product development process were discussed in order to work out dependencies and advantages of the methodical system modeling approaches for the later conception of the basic modeling paradigm.
The final part was a comprehensive detailed examination and evaluation of the variant-rich, model-based approaches to architectural modeling of technical systems. The comparative analysis revealed deficits in the context of the strongly interdisciplinary production technology domain, especially with regard to syntax and notation, language intuitiveness and the semantic implementation of functional component hierarchies, from which the need for action and motivation of the presented research work is derived.

Based on a subsequent analysis of common specification and data formats of today's document-based development processes as well as the information exchange between the domains, functional requirements for a model-based specification language for the production domain were established.
On this basis, the language structure of the Interdisciplinary Modeling Language (IML) was developed. The main characteristics of the language are as follows:

- Functional approach for the establishing a common system understanding by data consistency and consequent re-use of the fundamental architecture definition
- Modeling paradigm of alternating realization of plant capabilities through functional component structures
- Three diagram types and limitation to domain interface information

- Unambiguous element types and extension of familiar notations for the creation of intuitively readable as well as formal, standardized system models
- Integration and element-specific linking of related partial models
- Generation of initial domain-specific models (code pattern generation)

For the validation of the language approach, a prototypical IML editor was developed, which, embedded in a data-consistent toolchain, demonstrates a methodical system specification from the requirement definition via the system design to the generation of domain-specific models (here using the example of automation technology), Figure 7.1. Considering a methodical procedure, the modeling environment describes exemplarily the establishment of a domain-spanning semantically standardized architecture model. As a central specification and communication platform, it standardizes and promotes the cross-phase development, persistence and extraction within the interdisciplinary product development process while retaining familiar development processes and system structures.
Along a production technological and a biotechnological scenario, the practicability of the language approach in the interdisciplinary development process, the reduction of the modeling and communication effort as well as the data-consistent architecture definition could be demonstrated.

The approach thus makes an important contribution to semantic architecture modeling by introducing a domain-specific specification language for the system design of production machines and plants. Through the consequent implementation of a functional approach, the model-consistent diagram concept as well as an intuitive and lean form of notation, IML enables a requirement-oriented product development by heterogeneous expert teams. The scaling to further production-related use cases was already considered in the conceptual design as a flexible, expandable syntax as well as the application-specific integration of further partial models, whereby important impulses for the further development of the language can be expected from those expansions.

Outlook

The developed language concept shows a domain-specific approach that can be applied to different variants of production systems. While the quantification of the increase in efficiency and, if necessary, practice-oriented concept adjustments may require test series by trained development teams, the following optimization potentials can already be identified from the results shown:

In order to extend the consistent IML modeling, a stronger coupling between IS and SBD diagrams should be targeted. Dynamic data flows (*SBD Data Flows*) and the *SBD Logic Condition* could be compared with the defined static data connections (*IS Information Flows*) and validated with regard to possible missing data couplings between two communicating end devices. These dependencies can be formulated as semantic couplings between the diagrams and then used to generate communication topologies.
To validate the mechatronic operating structures modeled in the IS-diagram, a generation of bondgraph-based 1D models (cf. Modelica) based on the specified energetic couplings is conceivable. In addition, the integration of transformation rules in IS-parts can be used to describe both the transfer behavior of energetic converters and the functional coupling of the ports of an element.

Concerning the SBDs, the application of automation tests is conceivable in order to perform generic sequence tests of different initial situations and activation sequences of the system states as batch simulations. This enables the verification of the behavior and robustness of the machine behavior under varying conditions and possible error sources (such as sequence errors) could be identified automatically. A suitable methodical approach is, among others, the calculation of reachability graphs based on incidence matrices.
In addition to the functional hierarchy, a parallel introduction of structuring levels such as automation layers, component structures or logistic chains is possible in order to enable domain-specific modularization and the definition of module interfaces (as data interfaces between automation layers). This can be supplemented by the introduction of discipline-specific viewpoints as optimized views.

With regard to the above mentioned automation levels, a generation of OPC UA information models is possible, whereby *Processes* and *Status* can be assigned to the OPC nodes as methods and variables. The persistence of the architecture context in the generated OPC tags thus enables an indirect semantic enrichment of the machine data for monitoring and data analysis applications.

At the same time, the coupling and generation of further partial models increases the so far unsolved problem of effective round-trip synchronizations, which can for now only be approached as monodirectional references. It is to be expected that this will only be possible with the widespread support of vendor-neutral data interfaces such as OSLC.
A promising alternative to the centralistic approach are the knowledge graphs (*Linked Data*

Approach) described in chapter 6.2, which are optimized for the flexible extension of partial models in addition to the integration of semantic ontologies (eCl@ss etc.). In addition to the already discussed integration of further production-related partial models, the connection of commercial or PLM models, for example, as well as of operational data is conceivable as an extension of the knowledge management platform, so that i.e. part numbers, suppliers and order workflows or country-specific operating and disposal specifications for mechatronic components as well as data traces of real plant components could be linked.
This also opens up new potential for cooperation with partner companies. By releasing a partial model of the functional IML specification, these could be released in the sense of a requirements specification to a supplier for the elaboration of a technical solution, who would then directly incorporate the supplementary partial model of the additional module into the system model. However, in order to protect the intellectual property, the integration of an exclusive access management is required for this purpose.

In conclusion, it should be noted that the success of the presented approach ultimately depends largely on its dissemination respectively exceeding a critical number of users. However, this requires an open availability of the language and a suitable authoring tool in order to promote an increase of descriptive application examples and thus to achieve the intended establishment of IML. It is to be expected that the emerging user base will then contribute further impulses and extensions for refining the language.

Literaturverzeichnis

Bibliography

[ABRA16] Abramovici, M.; Herzog, O.: Engineering im Umfeld von Industrie 4.0: Einschätzungen und Handlungsbedarf. Acatech Studie. Herbert Utz Verlag GmbH, München, 2016.

[ACAT12] acatec - Deutsche Akademie für Wissenschaften, Hrsg.: agendaCPS: Integrierte Forschungsagenda Cyber-Physical Systems. Bd. 1. Acatech Studie. Springer, Berlin und Heidelberg, 2012.

[AFNO18] AFNOR: Méthode pour l'ingénierie des systèmes soutenue par son langage de modélisation conceptuel - Description Générale - Spécification de la méthode de définition de l'ingénierie et du langage de modélisation. 2018.

[ALLW15] Allweyer, T.: BPMN 2.0 - Business Process Model and Notation: Einführung in den Standard für die Geschäftsprozessmodellierung. 3., aktualisierte und erweiterte Auflage. BOD - Books on Demand, Norderstedt, 2015.

[ANGE03] Angerbauer, R.: Baukastensystematik in der Steuerungstechnik auf Basis einer Föderalen Informationsarchitektur. In: Fit für die Maßgeschneiderte Massenfertigung durch agile, rekonfigurierbare Fertigungssysteme. Hrsg. von Thoben, K.-D.; Fritz, S.; Lünemann, M. Bremer Schriften zu Betriebstechnik und Arbeitswissenschaft. Mainz, Aachen, 2003, S. 41–55.

[BAJA16] Bajaj, M.; Zwemer, D.; Yntema, R.; Phung, A.; Kumar, A.; Dwivedi, A.; Waikar, M.: MBSE++ Foundations for Extended Model-Based Systems Engineering. In: INCOSE International Symposium, Vol. 26(1), 2016, S. 2429–2445.

[BART18] Bartmann, E.: IoT-Programmierung mit Node-RED. 1. Auflage. Elektor, Aachen, 2018.

[BAUE14] Bauernhansl, T.; Hompel, M. t.; Vogel-Heuser, B., Hrsg.: Industrie 4.0 in Produktion, Automatisierung und Logistik: Anwendung, Technologien, Migration. SpringerLink. Springer Vieweg, Wiesbaden, 2014.

[BEND05] Bender, K., Hrsg.: Embedded Systems: Qualitätsorientierte Entwicklung. Springer, Berlin, 2005.

[BEND18] Bender, B.; Feldhusen, J.; Krause, D.; Beckmann, G.; Paetzold, K.; Hövel, A.: Grundlagen technischer Systeme und des methodischen Vorgehens. In: Taschenbuch für den Maschinenbau. Hrsg. von Grote, K.-H.; Bender, B.; Göhlich, D.; Dubbel, H. Springer Vieweg, Wiesbaden, 2018, S. 372–411.

[BIFF16] Biffl, S.; Sabou, M., Hrsg.: Semantic Web Technologies for Intelligent Engineering Applications. Springer International Publishing, 2016.

[BIFF17] Biffl, S.; Gerhard, D.; Lüder, A.: Introduction to the Multi-Disciplinary Engineering for Cyber-Physical Production Systems. In: Multi-Disciplinary Engineering for Cyber-Physical Production Systems. Hrsg. von Biffl, S.; Lüder, A.; Gerhard, D. Springer International Publishing, Cham, 2017, S. 1–24.

[BISH08] Bishop, R. H., Hrsg.: Mechatronic systems, sensors, and actuators: Fundamentals and modeling. 2. ed. The electrical engineering handbook series. CRC Press, Boca Raton, Florida, 2008.

[BITK15] BITKOM; VDMA; ZVEI: Umsetzungsstrategie Industrie 4.0: Ergebnisbericht der Plattform Industrie 4.0. Berlin, 2015.

[BLAS97] Blass, E.: Entwicklung verfahrenstechnischer Prozesse: Methoden, Zielsuche, Lösungssuche, Lösungsauswahl. 2., vollständig überarbeitete Auflage. Chemische Technik / Verfahrenstechnik. Springer, Berlin und Heidelberg, 1997.

[BLEI11] Bleisch, G.; Majschak, J.-P.; Weiß, U.: Verpackungstechnische Prozesse: Lebensmittel-, Pharma- und Chemieindustrie. 1. Aufl. Theorie und Praxis. Behr, Hamburg, 2011.

[BOEH14] Boehm, B.; Lane, J. A.; Koolmanojwong, S.; Turner, R.; Brooks, F. P.: The Incremental Commitment Spiral Model: Principles and practices for successful systems and software. Always learning. Addison-Wesley/Pearson, Upper Saddle River, NJ, 2014.

[BONN16] Bonnet, S.; Voirin, J.-L.; Exertier, D.; Normand, V.: „Not (strictly) relying on SysML for MBSE: Language, tooling and development perspectives: The Arcadia/Capella rationale“. In: 2016 IEEE International Systems Conference (SysCon 2016) Proceedings. Hrsg. von IEEE Systems Council. 2016, S. 1–6.

[BONN17] Bonnet, S.; Voirin, J.-L.; Exertier, D.; Normand, V.: Modeling system modes, states, configurations with Arcadia and Capella: Method and tool perspectives. In: INCOSE International Symposium, Vol. 27(1), 2017, S. 548–562.

[BOSC16] Boschert, S.; Rosen, R.: Digital Twin – The Simulation Aspect. In: Mechatronic Futures. Hrsg. von Hehenberger, P.; Bradley, D. Springer International Publishing, Cham, 2016, S. 59–74.

[BRAC02] Bracewell, R.: Synthesis based on function-means trees: Schemebuilder. In: Engineering Design Synthesis. Hrsg. von Chakrabarti, A. Springer, London, 2002, S. 199–212.

[BRAM12] Brambilla, M.; Wimmer, M.; Cabot, J.: Model-driven software engineering in practice. Bd. 1. Synthesis lectures on software engineering. Morgan & Claypool, San Rafael, Calif., 2012.

[BREC12] Brecher, C., Hrsg.: Integrative production technology for high-wage countries. Springer, Berlin und New York, 2012.

[BREC13a] Brecher, C.; Özdemir, D.: Disziplinübergreifende Maschinenentwicklung mit dem Mechatronics Concept Designer – erprobt im Anwendungsszenario. In: Tools, Vol. 19(2), 2013, S. 2–4.

[BREC13b] Brecher, C.; Özdemir, D.; Eilers, J.; Großmann, C.; Herfs, W.; Lohse, W.: Modellbasierte Rekonfigurierbarkeit für die Montage automatisierungstechnischer Produkte. In: Zukunftsfähige Montagesysteme. Hrsg. von Spath, D. Fraunhofer-Institut für Arbeitswirtschaft und Organisation IAO, Stuttgart, 2013, S. 23–36.

[BREC15] Brecher, C.; Herfs, W.; Behnen, D.; Flender, J.: Planungsunterstützte Programmierung von Steuerungssystemen: Supporting the development of control programs with algorithms of artificial intelligence. In: VDI-Berichte - Automation 2015: Benefits of Change - the Future of Automation, Vol. 2258,2, CD-ROM, 2015, S. 1055–1066.

[BREC16a] Brecher, C.; Flender, J.; Wolf, F.; Jockenhövel, S.; Obdenbusch, M.; Herfs, W.; Schmitz-Rode, T.: Produktzentrierte Steuerung biologischer Prozesse. In: atp edition, Vol. 58, 2016, S. 66.

[BREC16b] Brecher, C.; Obdenbusch, M.; Flender, J.: Ablauf- und Fehlerspezifikation für automatisierte Maschinen und Anlagen im interdisziplinären Entwicklungsprozess: Ein Überblick. In: Ingenieurspiegel, Vol. 8(3), 2016, S. 38–40.

[BREC16c] Brecher, C.; Obdenbusch, M.; Ozdemir, D.; Flender, J.; Weber, A. R.; Jordan, L.; Witte, M.: „Interdisciplinary specification of functional structures for machine design“. In: ISSE 2016, Edinburgh, Scotland. IEEE Press, Piscataway, NJ, 2016, S. 339–346.

[BREC19] Brecher, C.; Weck, M.: Werkzeugmaschinen Fertigungssysteme 1: Maschinenarten und Anwendungsbereiche. 9. Auflage. VDI-Buch. Springer Vieweg, Berlin, 2019.

[BROY13] Broy, M.: „Engineering Cyber-Physical Systems: Challenges and Foundations“. In: Complex Systems Design & Management. Hrsg. von Aiguier, M.; Caseau, Y.; Krob, D.; Rauzy, A. Springer, Berlin und Heidelberg, 2013, S. 1–14.

[BURS16] Bursac, N.: Model Based Systems Engineering zur Unterstützung der Baukastenentwicklung im Kontext der Frühen Phase der Produktgenerationsentwicklung. Dissertation. Karlsruhe: Karlsruher Institut für Technologie, 2016.

[BUTT17] Butting, A.; Haber, A.; Hermerschmidt, L.; Kautz, O.; Rumpe, B.; Wortmann, A.: „Modelling Foundations and Applications“. In: Modelling foundations and applications. Hrsg. von Anjorin, A.; Espinoza, H. Lecture notes in computer science Programming and software engineering. Springer, Cham, Switzerland, 2017, S. 53–70.

[CADE17a] Cadet, M.; Meissner, H.: Cybertronische Systeme. In: Modellbasierter Entwicklungsprozess cybertronischer Systeme. Hrsg. von Eigner, M.; Koch, W.; Muggeo, C. Springer, 2017, S. 19–22.

[CADE17b] Cadet, M.; Sinnwell, C.; Fischer, J.; Rosen, R.; Stephan, N.; Meissner, H.: Referenzentwicklungsprozess für cybertronische Produkte und Produktionssysteme. In: Modellbasierter Entwicklungsprozess cybertronischer Systeme. Hrsg. von Eigner, M.; Koch, W.; Muggeo, C. Springer, 2017, S. 45–62.

[DAM14] Dam, S. H.: DoD architecture framework 2.0: A guide to applying systems engineering to develop integrated, executable architectures. SPEC Innovations, Manassas, VA, 2014.

[DENK18] Denkena, B.: Übersicht über die Fertigungsverfahren. In: Taschenbuch für den Maschinenbau. Hrsg. von Grote, K.-H.; Bender, B.; Göhlich, D.; Dubbel, H. Springer Vieweg, Wiesbaden, 2018, S. 1382–1383.

[DICK17] Dickopf, T.; Schulte, T.; Schneider, M.: Analyse existierender SysML-basierter Ansätze aus Industrie und Forschung. In: Modellbasierter Entwicklungsprozess cybertronischer Systeme. Hrsg. von Eigner, M.; Koch, W.; Muggeo, C. Springer, 2017, S. 65–72.

[DIJK68] Dijkstra, E. W.: Go To Statement Considered Harmful. In: Communications of the ACM, Vol. 11(3), 1968, S. 147–148.

[DIN 03] DIN 8580: Fertigungsverfahren. Berlin, 2003.

[DIN 14] DIN EN 61131-3: Speicherprogrammierbare Steuerungen - Teil 3: Programmiersprachen (IEC 61131-3:2013). Berlin, 2014.

[DIN 83] DIN 66001: Informationsverarbeitung – Sinnbilder und ihre Anwendung. Berlin, 1983.

[DOMB15] Dombrowski, U.; Mielke, T., Hrsg.: Ganzheitliche Produktionssysteme: Aktueller Stand und zukünftige Entwicklungen. VDI-Buch. Springer Vieweg, Berlin, 2015.

[DORI16] Dori, D.; Crawley, E.: Model-based systems engineering with OPM and SysML. Springer, New York, 2016.

[DROS18] Drossel, W.-G.; Ihlenfeldt, S.; Langer, T.; Dumitrescu, R.: Cyber-Physische Systeme: Forschen für die Digitale Fabrik. In: Digitalisierung. Hrsg. von Neugebauer, R. Fraunhofer-Forschungsfokus. Springer Vieweg, Berlin und Heidelberg, 2018, S. 197–222.

[DZIW14] Dziwok, S.; Gausemeier, J.; Pohlmann, U.; Schäfer, W.; Schierbaum, T.: Spezifikationstechniken. In: Semantische Technologien im Entwurf mechatronischer Systeme. Hrsg. von Gausemeier, J.; Trächtler, A.; Schäfer, W.; Anacker, H. Hanser eLibrary. Hanser, München, 2014, S. 83–98.

[ECLI19] Eclipse: Eclipse Modeling Framework (EMF). 2019. URL: https://www.eclipse.org/modeling/emf/.

[ECLS19] eCl@ss e.V.: DER eCl@ss-STANDARD. Köln, 2019. URL: https://www.eclass.eu/standard.html.

[EHRL09a] Ehrlenspiel, K., Hrsg.: Integrierte Produktentwicklung: Denkabläufe, Methodeneinsatz, Zusammenarbeit. 4. akt. Auflage. Hanser, München, 2009.

[EHRL09b] Ehrlenspiel, K.: Methodik der Integrierten Produkterstellung im Unternehmen. In: Integrierte Produktentwicklung. Hrsg. von Ehrlenspiel, K. Hanser, München, 2009, S. 157–239.

[EIGN12] Eigner, M.; Gilz, T.; Zafirov, R.: „Proposal for Functional Product Description as Part of a PLM Solution in Interdisciplinary Product Development". In: DESIGN 2012. Hrsg. von Marjanović, D. DS. Fac. of Mechanical Engineering and Naval Architecture, Zagreb, 2012, S. 1667–1676.

[EIGN15] Eigner, M.: The Industrial Internet & Industrie 4.0: An Interview. Düsseldorf, 2015.

[EIGN17a] Eigner, M.: Ausgangssituation. In: Modellbasierter Entwicklungsprozess cybertronischer Systeme. Hrsg. von Eigner, M.; Koch, W.; Muggeo, C. Springer, 2017, S. 5–21.

[EIGN17b] Eigner, M.; Koch, W.; Muggeo, C., Hrsg.: Modellbasierter Entwicklungsprozess cybertronischer Systeme: Der PLM-unterstützte Referenzentwicklungsprozess für Produkte und Produktionssysteme. Springer, 2017.

[ESTE07] Estefan, J. A.: Survey of Model-Based Systems Engineering (MBSE) Methodologies. In: Incose MBSE Focus Group, Vol. 25(8), 2007.

[FELD13a] Feldhusen, J.; Grote, K.-H.: Die PEP-begleitenden Prozesse: Das Projektmanagement. In: Pahl-Beitz Konstruktionslehre. Hrsg. von Feldhusen, J.; Grote, K.-H. Springer Vieweg, Berlin, Heidelberg, 2013, S. 25–30.

[FELD13b] Feldhusen, J.; Grote, K.-H., Hrsg.: Pahl-Beitz Konstruktionslehre: Methoden und Anwendung erfolgreicher Produktentwicklung. 8. Aufl. Springer Vieweg, Berlin, Heidelberg, 2013.

[FELD13c] Feldhusen, J.; Grote, K.-H.; Göpfert, J.; Tretow, G.: Technische Systeme. In: Pahl-Beitz Konstruktionslehre. Hrsg. von Feldhusen, J.; Grote, K.-H. Springer Vieweg, Berlin, Heidelberg, 2013, S. 237–282.

[FLEN19] Flender, J.; Storms, S.; Herfs, W.; Witte, M.: „Model-based Engineering of modern Automation Structures with the Interdisciplinary Modeling Language (IML)“. In: The 13th Annual IEEE International Systems Conference. Hrsg. von IEEE Systems Council. IEEE, Piscataway, NJ, USA, 2019.

[FOEH17] Foehr, M.; Vollmar, J.; Calà, A.; Leitão, P.; Karnouskos, S.; Colombo, A. W.: Engineering of Next Generation Cyber-Physical Automation System Architectures. In: Multi-Disci-plinary Engineering for Cyber-Physical Production Systems. Hrsg. von Biffl, S.; Lüder, A.; Gerhard, D. Springer International Publishing, Cham, 2017, S. 185–206.

[FORS91] Forsberg, K.; Mooz, H.: The Relationship of System Engineering to the Project Cycle. In: INCOSE International Symposium, Vol. 1(1), 1991, S. 57–65.

[FRIE15] Friedenthal, S.: A practical guide to SysML: The systems modeling language. Third edition. Morgan Kaufman, Waltham, MA, 2015.

[FRIE18] Friedrich, C.: Modelle vs. Dokumente: Konzeptionelle Grundlagen und ihr Einsatz in der Produktentwicklung. Forschungsprojekt. Kaiserslautern: TU Kaiserslautern, 2018.

[GAUS12] Gausemeier, J.; Lanza, G.; Lindemann, U., Hrsg.: Produkte und Produktionssysteme integrativ konzipieren: Modellbildung und Analyse in der frühen Phase der Produktentstehung. 1. Aufl. Carl Hanser Fachbuchverlag, München, 2012.

[GAUS13] Gausemeier, J.; Dumitrescu, R.; Steffen, D.; Czaja, A.; Wiederkehr, O.; Tschirner, C.: Systems Engineering in der industriellen Praxis. Hrsg. von Heinz Nixdorf Institut, Universität Paderborn. Paderborn, 2013.

[GAUS14] Gausemeier, J.; Trächtler, A.; Schäfer, W.; Anacker, H., Hrsg.: Semantische Technologien im Entwurf mechatronischer Systeme: Effektiver Austausch von Lösungswissen in Branchenwertschöpfungsketten. [Elektronische Ressource]. Hanser eLibrary. Hanser, München, 2014.

[GEIS16] Geissen, M.: Eine Bestandsaufnahme: Studienergebnisse zum Status Quo der Systemsimulation. In: Digital Engineering, (2/16), 2016, S. 25–27.

[GEPP17] Gepp, M.; Vollmar, J.; Schertl, A.; Palm, H.: „Ein Blick auf Zukunftsszenarien und Herausforderungen für das zukünftige Engineering im Anlagenbau". In: Tag des Systems Engineering 2017. Hrsg. von Schulze, S.-O.; Tschirner, C.; Kaffenberger, R.; Ackva, S. Hanser, München, 2017, S. 77–86.

[GERH16] Gerhard, D.: Daten- und Informationsmanagement PDM/PLM. In: Handbuch Produktentwicklung. Hrsg. von Lindemann, U. Hanser, München, 2016, S. 215–246.

[GERH17] Gerhard, D.: Product Lifecycle Management Challenges of CPPS. In: Multi-Disci-plinary Engineering for Cyber-Physical Production Systems. Hrsg. von Biffl, S.; Lüder, A.; Gerhard, D. Springer International Publishing, Cham, 2017, S. 89–110.

[GILB06] Gilb, T.: Competitive Engineering: A handbook for systems engineering, requirements engineering, and software engineering using Planguage. Elsevier Butterworth Heinemann, Amsterdam, 2006.

[GILZ14] Gilz, T.: Requirements Engineering und Requirements Management. In: Modellbasierte virtuelle Produktentwicklung. Hrsg. von Eigner, M.; Roubanov, D.; Zafirov, R. Springer Vieweg, Berlin, 2014, S. 53–75.

[GÖHL18] Göhlich, D.; Lehr, H.; Hummel, J.: Mechatronische und regelungstechnische Systeme. In: Taschenbuch für den Maschinenbau. Hrsg. von Grote, K.-H.; Bender, B.; Göhlich, D.; Dubbel, H. Springer Vieweg, Wiesbaden, 2018, S. 1985–1991.

[GÖLZ15] Gölzer, P.; Gepp, M.: „Anlagenbauer reagieren zurückhaltend auf aktuelle Trends im Engineering - eine empirische Studie". In: Tag des Systems Engineering 2015. Hrsg. von Schulze, S.-O.; Muggeo, C.; Abulawi, J. Hanser, München, 2015, S. 205–214.

[GROT14] Grote, K.-H.; Engelmann, F.; Beitz, W.; Syrbe, M.; Beyerer, J.; Spur, G.: Das Ingenieurwissen: Entwicklung, Konstruktion und Produktion. Springer Vieweg, Berlin, 2014.

[GROT18] Grote, K.-H.; Bender, B.; Göhlich, D.; Dubbel, H., Hrsg.: Taschenbuch für den Maschinenbau. 25., neu bearbeitete und aktualisierte Auflage. Springer Vieweg, Wiesbaden, 2018.

[GRUN17] Grundel, M.: Skizzen-Port-Modell: Ein Modell zur Überbrückung der derzeitigen Lücke in der modellbasierten Konzeption mechanischer Systeme. Dissertation. Helmut-Schmidt-Universität, 2017.

[HABE12] Haber, A.; Ringert, J. O.; Rumpe, B.: MontiArc – Architectural Modeling of Interactive Distributed and Cyber-Physical Systems. Aachen, 2012. URL: http://www.se-rwth.de/publications/AH_JOR_BR_MontiArc_TechReport_2012.pdf.

[HABE16] Haber, A.: MontiArc - Architectural Modeling and Simulation of Interactive Distributed Systems. Dissertation. RWTH Aachen und Shaker Verlag GmbH, 2016.

[HASS14] Hasse, A.; Michielsen, C.: „The Missing Link – between Requirements and Design“. In: Complex Systems Design & Management. Hrsg. von Aiguier, M.; Boulanger, F.; Krob, D.; Marchal, C. Springer, Schweiz, 2014, S. 59–74.

[HAUP18] Haupert, J.; Klinge, X.; Blocher, A.: CPS-Based Manufacturing with Semantic Object Memories and Service Orchestration for Industrie 4.0 Applications. In: Industrial Internet of Things. Hrsg. von Jeschke, S.; Brecher, C.; Song, H.; Rawat, D. B. Springer Series in Wireless Technology. Springer International Publishing, Cham, 2018, S. 203–229.

[HEIH16] Heihoff-Schwede, J.; Bremer, C.; Rabe, M.; Tschirner, C.: „Werkzeuge für den Mittelstand – MBSE leicht“. In: Tag des Systems Engineering 2016. Hrsg. von Schulze, S.-O.; Tschirner, C.; Kaffenberger, R.; Ackva, S. Hanser, München, 2016, S. 35–44.

[HEIM16] Heimann, B.; Rissing, L.; Ortmaier, T.; Albert, A.: Mechatronik: Komponenten – Methoden - Beispiele. 4., überarbeitete und ergänzte Auflage. Carl-Hanser-Verlag, München, 2016.

[HEND11] Henderson-Sellers, B.: Bridging metamodels and ontologies in software engineering. In: Journal of Systems and Software, Vol. 84(2), 2011, S. 301–313.

[HERB17] Herberg, A. P.: Planung und Entwicklung multifunktionaler Kernmodule in komplexen Systemarchitekturen und -portfolios. Dissertation. TU München, 2017.

[HERF18a] Herfs, W.; Flender, J.; Storms, S.: Durchgängiges Model Engineering produktionsorientierter Digitaler Zwillinge: Entwurf eines Datenstruktur- und Modell-Ma-nagement Ansatzes für Digitale Zwillinge auf Basis von Semantischen Webtechnologien. In: AUTOMATION 2018: Seamless Convergence of Automation & IT. Hrsg. von VDI-Wissenforum. VDI-Berichte. VDI-Verlag, Düsseldorf, 2018, S. 183–196.

[HERF18b] Herfs, W.; Flender, J.; Storms, S.; Witte, M.: „Data-Consistent Toolchain for a Requirements-Based Specification with the Interdisciplinary Modeling Language (IML)“. In: IEEE 22nd International Conference on Intelligent Engineering Systems (INES 2018). IEEE Press, Piscataway, NJ, 2018, S. 219–224.

[HUBK88] Hubka, V.; Eder, W. E.: Theory of technical systems: A total concept theory for engineering design. Springer Berlin Heidelberg, Berlin, Heidelberg u. a., 1988.

[INCO14] INCOSE Systems Engineering Vision: Systems Engineering Vision - 2025: A World in Motion. Hrsg. von INCOSE Foundation. San Diego, 2014. URL: https://www.incose.org/docs/default-source/aboutse/se-vision-2025.pdf.

[INCO15] INCOSE, Hrsg.: Systems Engineering Handbook: A Guide for System Life Cycle Processes and Activities. 4. ed. Wiley, Hoboken, NJ, 2015.

[ISER08] Isermann, R.: Mechatronische Systeme: Grundlagen. 2., vollst. neu bearb. Aufl. Springer, Berlin, 2008.

[ISO 08] ISO 7573: Technical product documentation – Parts lists. Genf, 2008.

[ISO 11] ISO IEC IEEE 29148: Systems and software engineering: Requirements engineering. Genf, 2011.

[ISO 13] ISO EN 80000: Größen und Einheiten - Allgemeines. Berlin, 2013.

[ISO 15a] ISO 19450: Automation systems and integration – Object-Process Methodology. Genf, 2015.

[ISO 15b] ISO IEC 15288: Systems and software engineering - System Life Cycle Processes. Genf, 2015.

[JAEN12] Jaensch, M.: Modulorientiertes Produktlinien Engineering für den modellbasierten Elektrik/Elektronik-Architekturentwurf. Dissertation. Karlsruhe: Karlsruher Institut für Technologie, 2012.

[JANS09] Janschek, K.: Systementwurf mechatronischer Systeme: Methode - Modelle - Konzepte. Springer, Berlin, 2009.

[JÄRV19] Järvenpää, E.; Siltala, N.; Hylli, O.; Lanz, M.: The development of an ontology for describing the capabilities of manufacturing resources. In: Journal of Intelligent Manufacturing, Vol. 30(2), 2019, S. 959–978.

[JELA14] Jelali, M.: Prozessautomatisierungstechnik: Vorlesungsskript. Duisburg, 2014. URL: https://www.uni-due.de/imperia/md/content/srs/lehrangebot/akt-veranstaltungen/v-prozauto/skript/pat_teil_a_due.pdf.

[JESC18] Jeschke, S.; Brecher, C.; Meisen, T.; Özdemir, D.; Eschert, T.: Industrial Internet of Things and Cyber Manufacturing Systems. In: Industrial Internet of Things. Hrsg. von Jeschke, S.; Brecher, C.; Song, H.; Rawat, D. B. Springer Series in Wireless Technology. Springer International Publishing, Cham, 2018, S. 3–19.

[KAIS13] Kaiser, L.: Rahmenwerk zur Modellierung einer plausiblen Systemstruktur mechatronischer Systeme. Dissertation. Paderborn: Universtität Paderborn, 2013.

[KARA16] Karagiannis, D.; Buchmann, R.; Burzynski, P.; Reimer, U.; Walch, M.: Fundamental Conceptual Modeling Languages in OMiLAB. In: Domain-specific conceptual modeling. Hrsg. von Karagiannis, D.; Mayr, H. C.; Mylopoulos, J. P. Springer, Cham, 2016, S. 3–30.

[KARL16] Karlberger, A.: Konzept zur disziplinübergreifenden Konfiguration in CAx-Systemen durch automatisch extrahierte Merkmalsmodelle. Dissertation. RWTH Aachen, 2016.

[KAUT18] Kaut, S.: Simulationsbasierte Validierung von Ablaufbeschreibungen in der Entwurfsphase von Produktionsmaschinen. Masterarbeit (unveröffentlicht). Aachen: RWTH Aachen, 2018.

[KLEU09] Kleuker, S.: Formale Modelle der Softwareentwicklung: Model-Checking, Verifikation, Analyse und Simulation. 1. Aufl. Datenbanken und Softwareentwicklung. Vieweg+Teubner Verlag, Wiesbaden, 2009.

[KOLL16] Kollenda, K.: „Systems Engineering im Anlagenbau: Methoden für den erfolgreichen Umgang mit Komplexität“. In: Tag des Systems Engineering 2016. Hrsg. von Schulze, S.-O.; Tschirner, C.; Kaffenberger, R.; Ackva, S. Hanser, München, 2016, S. 237–246.

[KORE10] Koren, Y.: The global manufacturing revolution: Product-process-business integration and reconfigurable systems. Wiley series in systems engineering and management. Wiley a John Wiley & Sons Inc, Hoboken, NJ, 2010.

[KÖRF19] Körfer, L.: Rekonfiguration und Steuerung von Produktionsanlagen auf Basis von Wissensgraphen. Bachelorarbeit (unveröffentlicht). Aachen: RWTH Aachen, 2019.

[KOWA12] Kowalewski, S.; Rumpe, B.; Stollenwerk, A.: Cyber-Physical Systems – eine Herausforderung an die Automatisierungstechnik? In: Automation 2012. VDI-Berichte. VDI-Verl., Düsseldorf, 2012, S. 113–116.

[KÜHN06] Kühne, T.: Matters of (Meta-) Modeling. In: Software & Systems Modeling, Vol. 5(4), 2006, S. 369–385.

[LAMM10] Lamm, J.; Weilkiens, T.: Funktionale Architekturen in SysML. In: Tag des Systems-Engineering. Hrsg. von Schulze, S.-O. Hanser, München, 2010, S. 109–118.

[LASH13] Lashin, G.; Feldhusen, J.; Grote, K.-H.: Hilfsmittel für die Entwicklung und Konstruktion. In: Pahl-Beitz Konstruktionslehre. Hrsg. von Feldhusen, J.; Grote, K.-H. Springer Vieweg, Berlin, Heidelberg, 2013, S. 411–457.

[LEE15] Lee, J.; Bagheri, B.; Kao, H.-A.: A Cyber-Physical Systems architecture for Industry 4.0-based manufacturing systems. In: Manufacturing Letters, Vol. 3, 2015, S. 18–23.

[LIN07] Lin, H.-K.; Harding, J. A.; Shahbaz, M.: Manufacturing system engineering ontology for semantic interoperability across extended project teams. In: International Journal of Production Research, Vol. 42(24), 2007, S. 5099–5118.

[LÖCK18] Löckel, K.: Systems Engineering: Vernetzt denken und handeln. In: IT & Production Zeitschrift für erfolgreiche Produktion, Vol. Wissen Kompakt Produktentwicklung, 2018, S. 6–8.

[LONG19] Long, D. A.: Schema Definition Report: Systems Metamodel. Hrsg. von Vitech Corporation. 2019.

[MAUR13] Maurmaier, M.: Modellgetriebene Entwicklung von Automatisierungssystemen. Bd. 2013,1. IAS-Forschungsberichte. Shaker, Aachen, 2013.

[MICH15] Michaelis, M. T.; Johannesson, H.; ElMaraghy, H. A.: Function and process modeling for integrated product and manufacturing system platforms. In: Journal of Manufacturing Systems, Vol. 36, 2015, S. 203–215.

[MOES16] Moeser, G.: Kurzversion FAS4M-Forschungsbericht: Methodisches Vorgehen im FAS4M-Ansatz; Kurzversion der 24-seitigen Methodenguideline (konkrete Handlungsanleitungen) zur Veröffentlichung. 2016.

[MUNK16] Munker, F.: Ein Ansatz zur anwenderorientierten Systemmodellierung für die interdisziplinäre Produktentwicklung. Dissertation. Karlsruhe: KIT, 2016.

[MUSC11] Muschik, S.: Development of Systems of Objectives in Early Product Engineering. Dissertation. Karlsruhe: Karlsruher Institut für Technologie, 2011.

[NEUG18] Neugebauer, R., Hrsg.: Digitalisierung: Schlüsseltechnologien für Wirtschaft und Gesellschaft. 1. Auflage. Fraunhofer-Forschungsfokus. Springer Vieweg, Berlin und Heidelberg, 2018.

[OLEA18] O'Leary, N.: Wiring the Internet of Things with Node-RED. Vancouver, Kanada, 2018. URL: https://events.linuxfoundation.org/events/node-js-interactive-2018/agenda/schedule/.

[OMG16] OMG: Meta Object Facility (MOF). Version 2.5.1. 2016. URL: https://www.omg.org/spec/MOF/2.5.1/PDF.

[OMG17] OMG: OMG Systems Modeling Language™. Version 1.5. 2017. URL: https://sysml.org/.res/docs/specs/OMGSysML-v1.5-17-05-01.pdf.

[OMG18] OMG: Systems Modeling Language (SysML) Version2.0 - Request for Proposal (RFP). 2018. URL: https://www.omg.org/cgi-bin/doc.cgi?ad/2017-12-2.

[PAET17] Paetzold, K.: Product and Systems Engineering/CA* Tool Chains. In: Multi-Disci-plinary Engineering for Cyber-Physical Production Systems. Hrsg. von Biffl, S.; Lüder, A.; Gerhard, D. Springer International Publishing, Cham, 2017, S. 27–62.

[PATZ82] Patzak, G.: Systemtechnik - Planung komplexer innovativer Systeme: Grundlagen, Methoden, Techniken. Springer, Berlin, 1982.

[PAYN60] Paynter, H. A.: Analysis and design of engineering systems. The MIT Press, Cambridge, Massachusetts, 1960.

[POHL15] Pohl, K.; Rupp, C.: Requirements engineering fundamentals: A study guide for the certified professional for requirements engineering exam, foundation level–IREB compliant. 2nd edition. Rocky Nook, Santa Barbara, CA, 2015.

[REIC12] Reichwein, A.; Paredis, C.: „Overview of architecture frameworks and modeling languages for Model-Based Systems Engineering: Proceedings ASME". In: Proceedings of the ASME International Design Engineering Technical Conferences and Computers and Information in Engineering Conference. ASME, New York, NY, 2012, S. 1341–1349.

[REUT10] Reuter, A.; Kircher, C.; Verl, A.: Manufacturer-independent mechatronic information model for control systems. In: Production Engineering – Research and Development, Vol. 4(2-3), 2010, S. 165–173.

[ROBO02] Robotham, A. J.: The use of function/means trees for modelling technical, semantic and business functions. In: Journal of Engineering Design, Vol. 13(3), 2002, S. 243–251.

[ROQU16] Roques, P.: „MBSE with the ARCADIA Method and the Capella Tool". In: 8th European Congress on Embedded Real Time Software and Systems (ERTS^2 2016). 2016, S. 670–679.

[RUPP14] Rupp, C.: Requirements-Engineering und -Management: Aus der Praxis von klassisch bis agil. 6., aktual. u. erw. Aufl. Hanser, München, 2014.

[SABO16] Sabou, M.: An Introduction to Semantic Web Technologies. In: Semantic Web Technologies for Intelligent Engineering Applications. Hrsg. von Biffl, S.; Sabou, M. Springer International Publishing, 2016, S. 53–84.

[SAMA06] Samantaray, A. K.: About Bond Graphs. 2006. URL: https://groups.csail.mit.edu/drl/journal_club/papers/Samantaray__2001__www.bond-graphs.com_about.pdf.

[SAMA08] Samantaray, A. K.; Bouamama, B. O.: Model-based Process Supervision: A Bond Graph Approach. Advances in industrial control. Springer-Verlag London Limited, London, 2008.

[SCHI05] Schiemenz, B.; Schönert, O.: Entscheidung und Produktion. 3., überarb. Aufl. Lehr- und Handbücher der Betriebswirtschaftslehre. Oldenbourg, München, 2005.

[SCHL14] Schlick, J.; Stephan, P.; Loskyll, M.; Lappe, D.: Industrie 4.0 in der praktischen Anwendung: Das Internet der Dinge in der industriellen Produktion. In: Industrie 4.0 in Produktion, Automatisierung und Logistik. Hrsg. von Bauernhansl, T.; Hompel, M. t.; Vogel-Heuser, B. SpringerLink. Springer Vieweg, Wiesbaden, 2014, S. 57–84.

[SIEM14] Siemens AG, Hrsg.: Programmierleitfaden für S7-1200/S7-1500: STEP 7 und STEP 7 Safety im TIA Portal. München, 2014. URL: https://www.automation.siemens.com/sce-static/learning-training-documents/tia-portal/hw-config-s7-1200/programming-guideline-de.pdf.

[SPAT16] Spath, D.; Dangelmaier, M.: Produktentwicklung Quo Vadis. In: Handbuch Produktentwicklung. Hrsg. von Lindemann, U. Hanser, München, 2016, S. 3–8.

[STEI14] Steiner, R.: Introduction to Common SysML Conceptual Stumbling Blocks. 2014. URL: http://blog.ricksteiner.net/?cat=3.

[STEI15] Steiner, R.: Four Pillars of SysML. 2015. URL: http://blog.ricksteiner.net/?p=127.

[STRA16] Strahringer, S.: Modelle und Metamodellierung. In: Geschäftsprozessorientierte Systementwicklung. Hrsg. von Benker, T.; Jürck, C.; Wolf, M. Springer Fachmedien Wiesbaden, Wiesbaden, 2016, S. 11–23.

[STUR06] Sturm, A.; Dori, D.; Shehory, O.: Domain Modeling with Object-Process Methodology. In: Information systems analysis and specification. Hrsg. von Manolopoulos, Y. Proceedings of the Eighth International Conference on Enterprise Information Systems. 2006, S. 144–151.

[SUH98] Suh, N.-P.: Axiomatic Design Theory for Systems. In: Research in Engineering Design, Vol. 10, 1998, S. 189–209.

[TRET08] Tretow, G.; Göpfert, J.; Hesse, C.: In sieben Schritten systematisch entwickeln. In: CAD-CAM Report, 2008.

[TWO 18] Two Pillars: CONSENS Methode + iQUAVIS-Software macht effizientes Engineering möglich. 2018. URL: https://www.two-pillars.de/consens-methode-iquavis/.

[VAN 17] van Noten, J.; Gadeyne, K.; Witters, M.: Model-based Systems Engineering of Discrete Production Lines Using SysML: An Experience Report. In: Procedia CIRP, Vol. 60, 2017, S. 157–162.

[VDI 01] VDI 2519-1: VDI 2519 Blatt 1 Vorgehensweise bei der Erstellung von Lasten-/Pflichtenheften. Berlin, 2001.

[VDI 04a] VDI 2206: Entwicklungsmethodik für mechatronische Systeme. Berlin, 2004.

[VDI 04b] VDI 2223: Methodisches Entwerfen technischer Produkte. Berlin, 2004.

[VDI 10] VDI VDE 3695-2: Engineering von Anlagen - Evaluieren und optimieren des Engineerings - Themenfeld Prozesse. Berlin, 2010.

[VDI 14] VDI VDE 3694-1: Lasten-/Pflichtenheft für den Einsatz von Automatisierungssystemen. Berlin, 2014.

[VDMA04] VDMA Fachverband Software: Baukastenbasiertes Engineering mit Föderal: Ein Leitfaden für Maschinen- und Anlagenbauer. Software. VDMA Verl., Frankfurt am Main, 2004.

[VDMA10] VDMA: Aquimo: Adaptierbares Modellierungswerkzeug und Qualifizierungsprogramm für den Aufbau mechatronischer Engineeringprozesse: Ein Leitfaden für Maschinen- und Anlagenbauer. VDMA-Verl., Frankfurt, M., 2010.

[VERE06] Verein zur Weiterentwicklung des V-Modell XT e.V., Hrsg.: V-Modell ®XT: Das deutsche Referenzmodell für Systementwicklungsprojekte Version: 2.3. München, 2006. URL: https://www.cio.bund.de/Web/DE/Architekturen-und-Standards/V-Modell-XT/vmodell_xt_node.html.

[VIET13] Vietor, T.; Stechert, C.: Produktarten zur Rationalisierung des Entwicklungs- und Konstruktionsprozesses. In: Pahl-Beitz Konstruktionslehre. Hrsg. von Feldhusen, J.; Grote, K.-H. Springer Vieweg, Berlin, Heidelberg, 2013, S. 838–871.

[VOIR16] Voirin, J.-L.; Bonnet, S.; Exertier, D.; Normand, V.: Simplifying (and enriching) SysML to perform functional analysis and model instances. In: INCOSE International Symposium, Vol. 26(1), 2016, S. 253–268.

[VOIR18] Voirin, J.-L.: Model-Based System and Architecture Engineering with the Arcadia Method. Implementation of model based system engineering set. Elsevier und ISTE Press, London, 2018.

[W3C19a] W3C: Resource Description Framework (RDF). 2019. URL: https://www.w3.org/2001/sw/wiki/RDF.

[W3C19b] W3C: Web Ontology Language. 2019. URL: https://www.w3.org/OWL/.

[WECK05] Weck, M.; Brecher, C.: Werkzeugmaschinen 1: Maschinenarten und Anwendungsbereiche. 6., neu bearb. Aufl. VDI-Buch. Springer-Verlag Berlin Heidelberg, Berlin, Heidelberg, 2005.

[WEIL12] Weilkiens, T.: Hidden Feature of SysML – Activity Trees. 2012. URL: https://model-based-systems-engineering.com/2012/09/10/hidden-feature-of-sysml-activity-trees/.

[WEIL17] Weilkiens, T.: Zukunft gestalten – Die SysML 2 macht sich auf den Weg. 2017. URL: https://www.oose.de/blogpost/zukunft-gestalten-die-sysml-2-macht-sich-auf-den-weg/.

[WITT18] Witte, M.; Diedrich, C.; Figalist, H.: Model-based development in automation. In: at - Automatisierungstechnik, Vol. 66(5), 2018, S. 360–371.

[WÖGE43] Wögerbauer, H.: Die Technik des Konstruierens. Oldenbourg, München, 1943.

[ZAFI14] Zafirov, R.: Modellbildung und Spezifikation. In: Modellbasierte virtuelle Produktentwicklung. Hrsg. von Eigner, M.; Roubanov, D.; Zafirov, R. Springer Vieweg, Berlin, 2014, S. 77–96.

Anhang

Appendix

A Funktionale und Qualitative Anforderungen

Functional and Quality Requirements

Auszug aus der Anforderungsspezifikation:

2. Pflichtenheft

2.1. Anlagenumfeld

Ausdehnung der Anlage

REQ-460 Die verfügbare Anlagenfläche beträgt 4 m x 6 m.

Anschlüsse

REQ-461 Druckluftanschluss der Halle: 8 bar

REQ-462 Elektrische Anschlüsse: 400 V~, 32 A; 230 V~, 16 A

2.2. Strukturierung der Anlage

REQ-463 Die Anlage soll drei Produktvarianten in Batchprozessen bei minimalem Rüstaufwand fertigen können:

- ⌀115 mm – Maße Schleifvlies: Höhe: 36 mm, Breite: 30 mm
- ⌀125 mm – Maße Schleifvlies: Höhe: 36 mm, Breite: 38 mm
- ⌀150 mm – Maße Schleifvlies: Höhe: 50 mm, Breite: 38 mm

Daraus leiten sich die folgenden Prozessanforderungen ab:

Be- und Entladung

REQ-464 Manuelle Beladung der ABS-Teller

REQ-465 Manuelle Entladung der fertigen Produkte

Ringformung

REQ-466 Die Anlage muss aus einem linearen Stapel einen gleichmäßigen Ring aus einem Ausgangsdurchmesser 120% der Zielgeometrie formen

REQ-467 Alle radialen Linien müssen sich im Mittelpunkt des Rings treffen.

REQ-468 Aufgrund der hohen Reibwerte des Vlies sind Korrekturen der Ringformung im Nachhinein nur mit hohem Aufwand möglich

REQ-469 Die Ringformung muss die Zielgeometrie solange stützen, bis der anschließende Prozessschritt (Verdichten) das Werkstück übernimmt

REQ-470 Der Verdichter muss den Ring aus der Ringformung entfernen können, ohne dass eine Verformung desselben stattfindet

Kleber auftragen

REQ-471 Die Klebstoffextrusion muss konzentrische Kleberaupen beliebiger Radien und Bahnveräufe (Wellen-, Zick-Zack-förmig etc.) auftragen können

REQ-472 Max. Kleberaupenradius: 75 mm

REQ-473 Verfahrgeschwindigkeit bei max. Dosiergeschwindigkeit: 0,5 m/s

REQ-474 Gewicht Extruderpistole: 3,2 kg

Verdichten

REQ-475 Aus der Ringformung soll durch einen Trichter der Schleiftellerring verdichtet werden

REQ-476 Verdichtung von ∅120% auf ∅100% für alle Produktvarianten

REQ-477 Der Trichter darf keine Kanten aufweisen, an denen die extrem rauen Schleifvließe hängen bleiben können.

REQ-478 Formung aus linearer Ausgangsstellung in eine Ringform. Ring muss von oben voll zugänglich sein

REQ-479 Erforderliche Schubkraft des Verdichters >=200 N

REQ-480 Maximale Steigung des Verdichters >= 8°

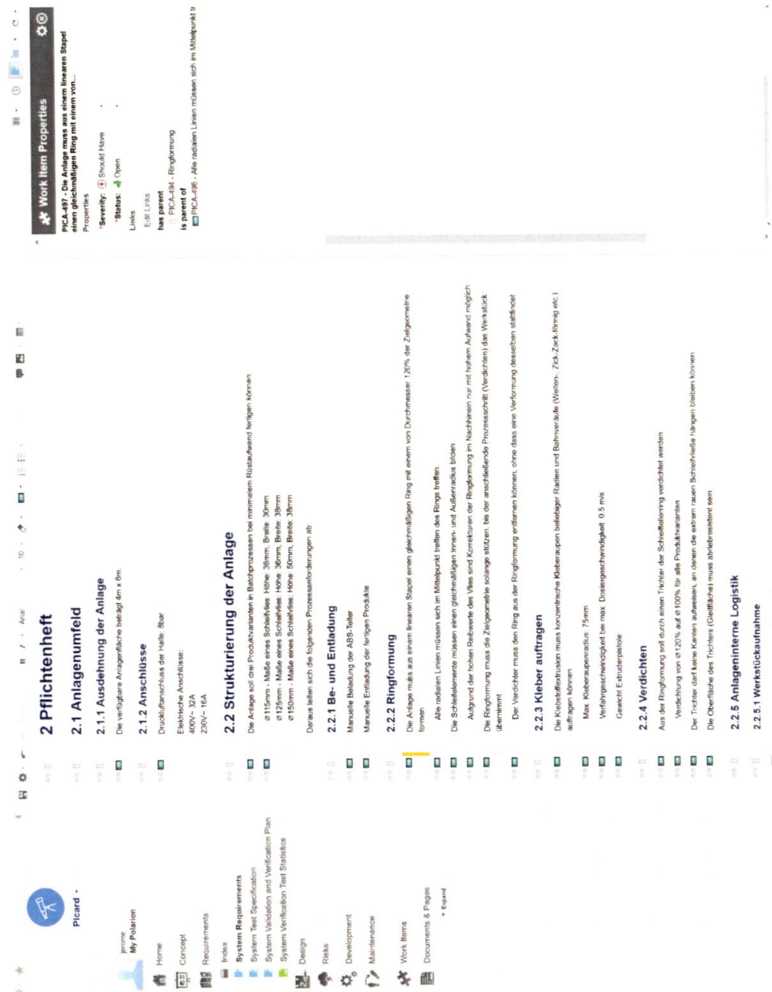

Abbildung A.1: Annotierte Anforderungsspezifikation in Polarion

B Metamodell der Funktionalen Struktur (IML-FS)

Metamodel of the Functional Structure (IML-FS)

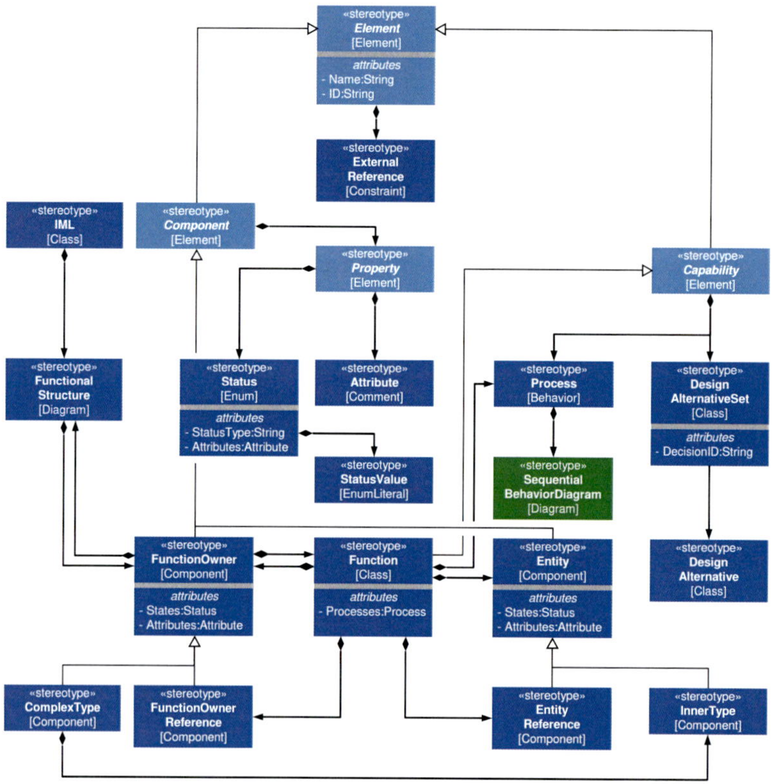

Wenn nicht anders angegeben gilt die Kardinalität (1 – 0..*)

C Metamodell der Wirkstruktur (IML-IS)

Metamodel of the Interaction Structure (IML-IS)

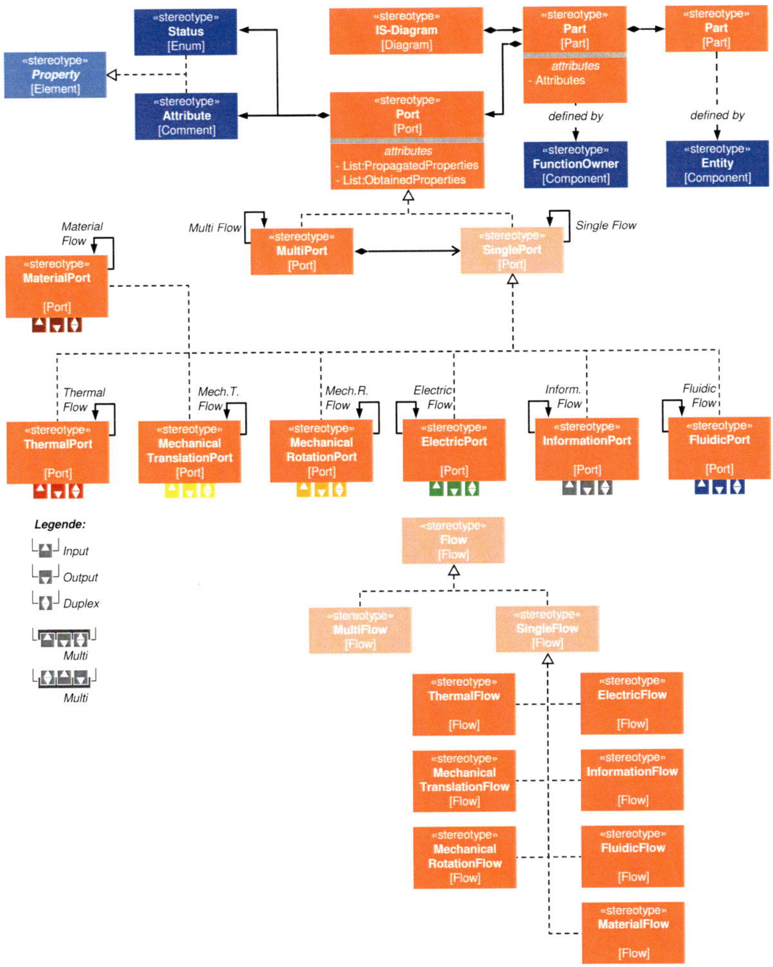

Wenn nicht anders angegeben gilt die Kardinalität (1 – 0..*)

D Metamodell des Ablaufdiagramm (IML-SBD)

Metamodel of Sequential Behavior Diagram (IML-SBD)

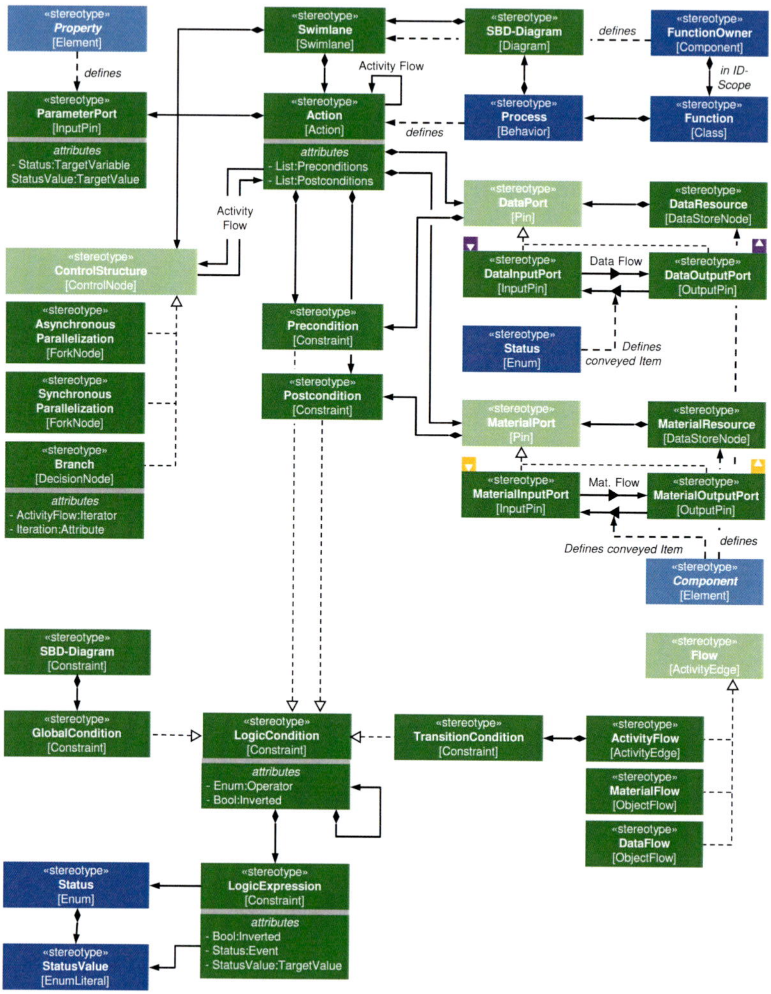

Wenn nicht anders angegeben gilt die Kardinalität (1 – 0..*)

E Generierung eines TIA-Programms aus einem SBD

Generating TIA Programs from a SBD

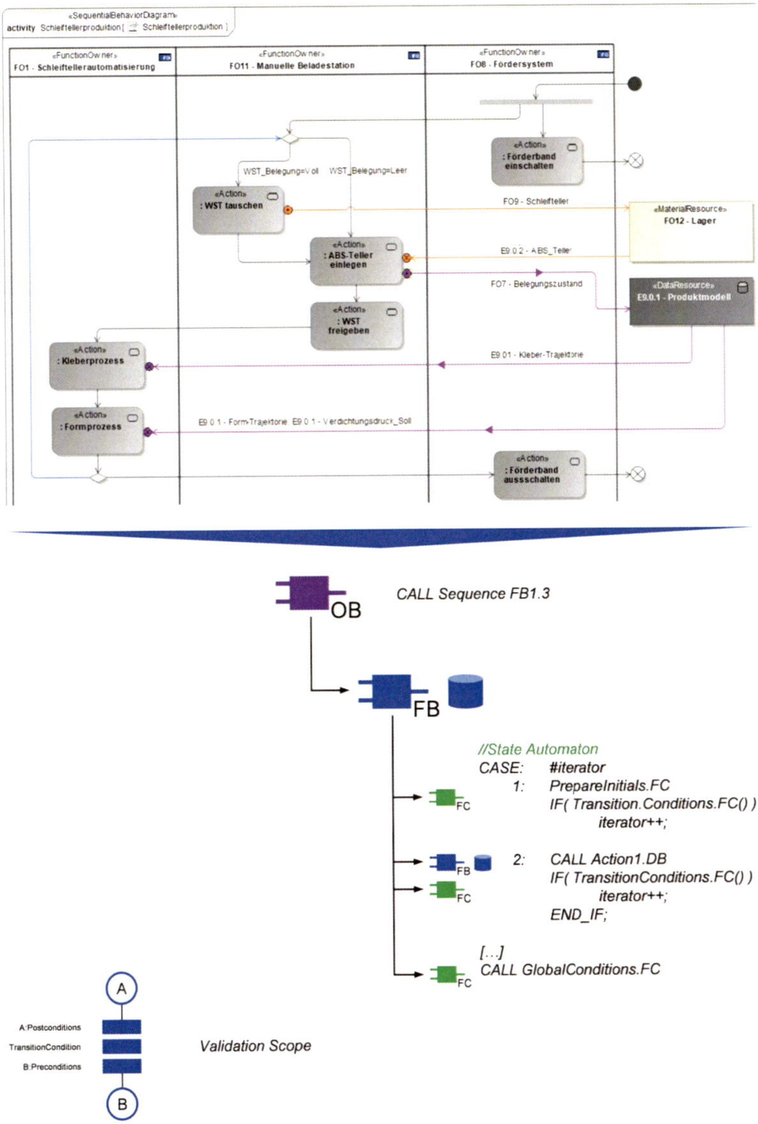

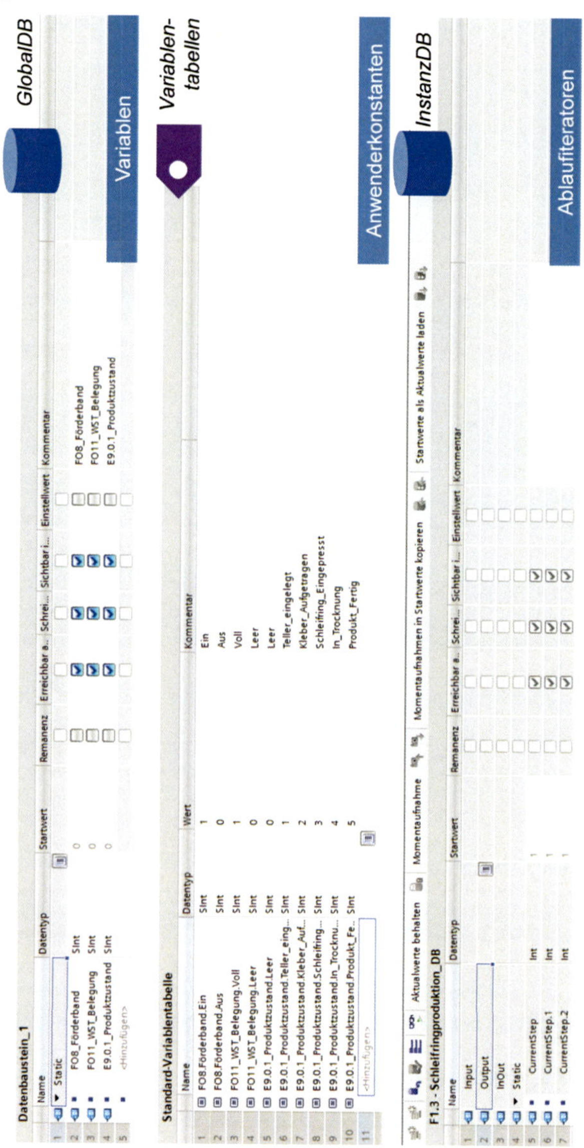
GlobalDB
Datenbaustein_1
Name | Datentyp | Startwert | Remanenz | Erreichbar a.. | Schrei... | Sichtbar i... | Einstellwert | Kommentar
1 Static
2 FO8_Förderband SInt 0 FO8_Förderband
3 FO11_WST_Belegung SInt 0 FO11_WST_Belegung
4 E9.0.1_Produktzustand SInt 0 E9.0.1_Produktzustand
5 <Hinzufügen>
Variablen
Variablen-tabellen
Standard-Variablentabelle
Name | Datentyp | Wert | Kommentar
1 FO8.Förderband.Ein SInt 1 Ein
2 FO8.Förderband.Aus SInt 0 Aus
3 FO11_WST_Belegung.Voll SInt 1 Voll
4 FO11_WST_Belegung.Leer SInt 0 Leer
5 E9.0.1_Produktzustand.Leer SInt 0 Leer
6 E9.0.1_Produktzustand.Teller_eing... SInt 1 Teller_eingelegt
7 E9.0.1_Produktzustand.Kleber_Auf... SInt 2 Kleber_Aufgetragen
8 E9.0.1_Produktzustand.Schleifring... SInt 3 Schleifring_Eingepresst
9 E9.0.1_Produktzustand.In_Trocknu... SInt 4 In_Trocknung
10 E9.0.1_Produktzustand.Produkt_Fe... SInt 5 Produkt_Fertig
11 <Hinzufügen>
Anwenderkonstanten
InstanzDB
Aktualwerte behalten
Momentaufnahme
Momentaufnahmen in Startwerte kopieren
Startwerte als Aktualwerte laden
F1.3 - Schleifringproduktion_DB
Name | Datentyp | Startwert | Remanenz | Erreichbar a.. | Schrei... | Sichtbar i... | Einstellwert | Kommentar
1 Input
2 Output
3 InOut
4 Static
5 CurrentStep Int 1
6 CurrentStep.1 Int 1
7 CurrentStep.2 Int 1
Ablaufiteratoren

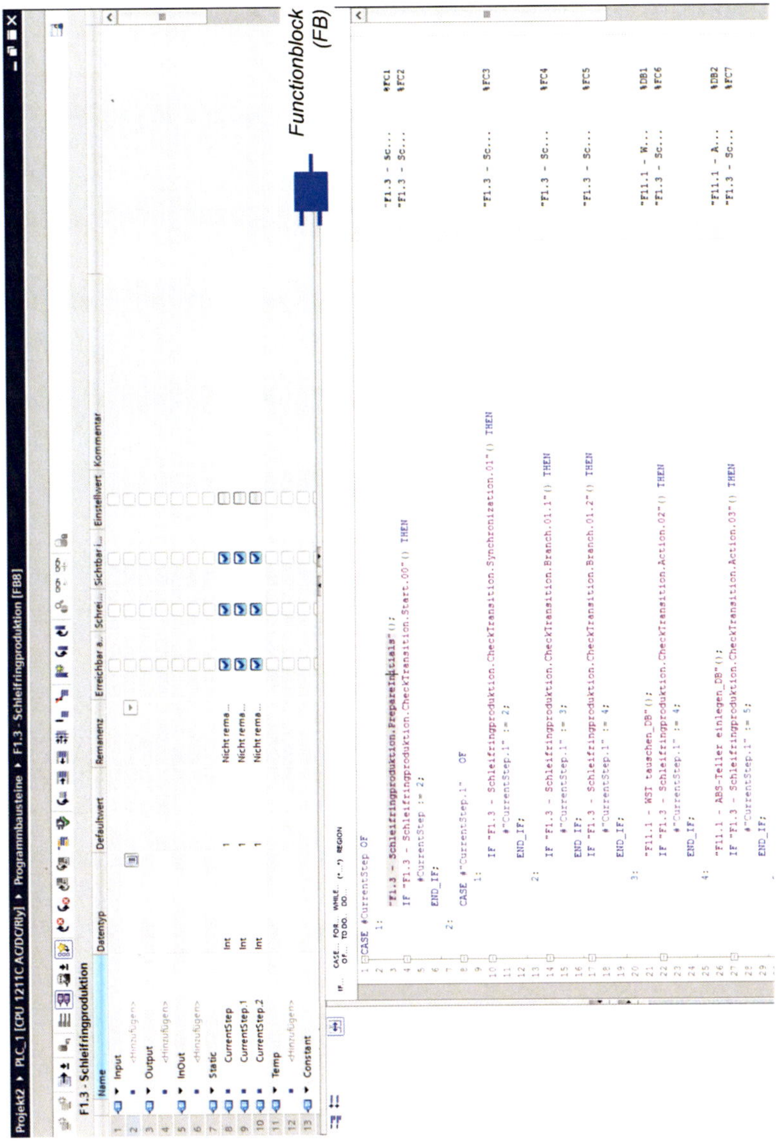
F1.3 - Schleifringproduktion
Functionblock (FB)

In der Reihe **Ergebnisse aus der Produktionstechnik** zuletzt erschienen:

Chavan, Prateek:
Substructuring Methods for Efficient Prediction of Spindle-Holder-Tool Assembly Dynamics
ISBN: 978-3-98555-160-6
Erscheinungsdatum: 05.06.2023

Ochel, Tim:
Prognostik zur Resilienzsteigerung im Werkzeugbau
ISBN: 978-3-98555-161-3
Erscheinungsdatum: 22.05.2023

Schneidermann, Dennis:
Orchestration von Vertrauen in interorganisationalen Wissensnetzwerken der Fabrikplanung
ISBN: 978-3-98555-153-8
Erscheinungsdatum: 15.05.2023

Greipel, Jonathan:
Grouping of Inspection Characteristics to Reduce Costs of Adaptive Inspection Planning in Variant Production
ISBN: 978-3-98555-157-6
Erscheinungsdatum: 03.05.2023

Welsing, Martin:
Bewertung der ökologischen Nachhaltigkeit von Produktions-netzwerkkonfigurationen
ISBN: 978-3-98555-155-2
Erscheinungsdatum: 19.04.2023

Troß, Nico:
Mehrskalenmodellierung der thermo-mechanischen Werkzeugbelastung beim Trockenwälzfräsen
ISBN: 978-3-98555-158-3
Erscheinungsdatum: 19.04.2023

Beckers, Alexander:
Auslegung wirtschaftlich-technologisch optimierter Fertigungsprozessfolgen mittels prozessübergreifender Modellierung
ISBN: 978-3-98555-154-5
Erscheinungsdatum: 18.04.2023

Nicksch, Christoph:
Konfiguration verteilter Large-Scale Metrology Systeme in rekonfigurierbaren Montageumgebungen
ISBN: 978-3-98555-152-1
Erscheinungsdatum: 20.03.2023

Gipperich, Marius:
Untersuchung eines Zweistrahlprozesses als Ansatz zur Prozessstabilitätserhöhung des drahtbasierten Laserauftragschweißens
ISBN: 978-3-98555-151-4
Erscheinungsdatum: 15.03.2023

Ahmad, Mubarik:
Anregungsgerechte Auslegung und Tolerierung schnelllaufender Getriebe unter Berücksichtigung kurz- und langwelliger Verzahnungsabweichungen
ISBN: 978-3-98555-130-9
Erscheinungsdatum: 06.03.2023

Edition Wissenschaft
Apprimus

Motschke, Tobias:
Analyse und Modellierung der Dämpfungseigenschaften von Spindellagern
ISBN: 978-3-98555-148-4
Erscheinungsdatum: 06.03.2023

Frye, Maik:
Recommending Data Preprocessing Pipelines for Machine Learning Applications in Production
ISBN: 978-3-98555-147-7
Erscheinungsdatum: 15.02.2023

Schmidhuber, Matthias:
Sozio-technische Problemlösungsfähigkeit von PPS-Systemen
ISBN: 978-3-98555- 143-9
Erscheinungsdatum: 07.02.2023

Schwarberg, Thomas:
Bestimmung der Logik von Innovationsideen für technische Systeme
ISBN: 978-3-98555- 142-2
Erscheinungsdatum: 07.02.2023

Nienheysen, Philipp:
Werkstattgerechte Schadensanalyse in CFK-Strukturbauteilen mit optisch georteter Ultraschallmesstechnik
ISBN: 978-3-98555-136-1
Erscheinungsdatum: 30.01.2023

Kreß, Julian Maximilian:
Erbringung hybrider Leistungsangebote in Wertschöpfungsnetzwerken
ISBN: 978-3-98555-128-6
Erscheinungsdatum: 24.01.2023

Priwisch, Martin:
Kontaktfreie Bahnlaufregelung zur Herstellung funktionaler Mehrlagensysteme in einem kontinuierlichen Laminierprozess
ISBN: 978-3-98555-139-2
Erscheinungsdatum: 27.02.2023

Cremer, Sven:
Controlling der Migration in Produktionsnetzwerken
ISBN: 978-3-98555-145-3
Erscheinungsdatum: 09.02.2023

Ohlert, Marius:
Contact between Abrasive Media and Workpiece in Robot-guided Centrifugal Finishing
ISBN: 978-3-98555- 144-6
Erscheinungsdatum: 07.02.2023

Graberg, Tim:
Operationalisierung von digitalen Schatten im Werkzeugbau
ISBN: 978-3-98555-141-5
Erscheinungsdatum: 06.02.2023

Müller, Tobias:
Modellbildung mittels Symbolischer Regression zur Messunsicherheitsbestimmung komplexer Messprozesse
ISBN: 978-3-98555-146-0
Erscheinungsdatum: 30.01.2023

Behrens, Jan:
Selbstkalibrierung von 5-Achs-Bearbeitungszentren mit Dreh-/Schwenktisch
ISBN: 978-3-98555-124-8
Erscheinungsdatum: 24.01.2023

Edition Wissenschaft
Apprimus